刻意练习高情商

金铁 编著

所谓情商高，就是说话让人舒服。

中华工商联合出版社

前言

1983年，心理学家霍华德·加德纳在《精神状态》一书中提出人有"多元智慧"的观点，开启了情商学说的先河。1990年，心理学家彼得·沙洛维和新罕布什尔大学的约翰·梅耶首创EQ（情商）一词。1995年，美国心理学家丹尼尔·戈尔曼的《情商》一书出版，EQ在美国掀起轩然大波，并逐渐风靡全世界。丹尼尔·戈尔曼说："使一个人成功的要素中，智商作用只占20%，而情商作用却占80%。"大量的事实证明，情商是一个人获得成功的关键，高情商者可以充分发挥潜能、有效调节情绪，可以与周围的人和环境保持良好的亲近度，因此会获得更多的机遇，从而提前实现自己的梦想。美国总统富兰克林·罗斯福、乔治·华盛顿和西奥多·罗斯福都是"二流智商、一流情商"的代表人物。约翰·肯尼迪和罗纳德·威尔逊·里根的智商只属中流，但却因为高情商被许多美国人誉为"最优秀、最可亲的领袖"。

情商不仅是开启心智大门的钥匙，更是影响个人命运的关键因素。一个人成功与否，受很多因素的影响，如教育程度、智商、人生观、价值观等。要做出明智的决定、采取最合理的行动、正确应对变化并最终取得成功，情商不但是必要的，而且是至关重要的。在电影《阿甘正传》中，阿甘是一位智商只有75的傻小子，但带有传奇色彩的是，无论在体坛、战场、商界，还是爱情上，成功总伴随着他。这个故事在一般人眼里只是个"虚构的传奇"，也称得上是对"傻人有傻福"的经典诠释。可是，我们从他做人的原则看来，阿甘的成功，有其终极原因，那就是他常说的一句话："妈妈告诉我，人生就像一盒巧克力，你不知道下一个会尝到什么味道。"这其实就是情商的巨大力量。

可见，情商是个体最重要的生存能力，是一种发掘情感潜能、运用情感能力影响生活的各个层面和人生未来的品质要素。情商是一种洞察人生价值、揭示人生目标的悟性，是一种克服内心矛盾冲突、协调人际关系的技巧，是一种生活智慧。所以，我们有理由说："高情商的人比高智商的人更容易获得成功。"

情商不是与生俱来的，高情商可以通过后天努力培养。提高情商的过程，其实就是一种自我丰富、自我认知的过程。本书就是一部讲述如何发掘情感潜能和如何运用情感能力来影响生活的书，从发现情商、了解自我、管理自我、激励自我、培养成功的习惯、挖掘自身的潜能、情商教育、情商影响力、情商与人们的社会生活关系等方面，系统而深入地阐述了情商的相关理论，提出了很多可以帮助读者提高情商的具体措施，让读者在轻松的阅读中，切身感受到情商带给自己的深刻体悟与巨大能量，学会更好地驾驭自己的情绪，把握自己的人生，成就美好的未来。

目录

Part 1　成功，从提高情商开始

哈佛最重要的一课：情商　　2

情商是"命运的使者"　　5

情商让你不抱怨　　9

情商是一种"综合软技能"　　13

情商与智商：人生的左膀右臂　　17

聪明人≠成功者　　19

实力与学历比高低　　21

影响情商高低的因素　　23

一切困难都是提高情商的契机　　25

Part 2　自我认知，是高情商的起点

看清镜子里的你　　32

描绘自己的心灵地图　　34

自知之明让你的情商更高　　37

出色源于本色　　40

最优秀的人其实就是你自己　　45

金无足赤，人无完人　　47

优点是靠自己发现的	49
你是独一无二的	53
了解自己的不足	57
你的天性不可复制	60
活出真实的自己	62

Part 3　所谓情商高，就是说话让人舒服

不把话说绝，平和解决矛盾	66
好事多磨，遭到拒绝后坚持言语和气	68
淡化感情色彩，委婉地表达你的不满	69
批评之后给对方铺退路	71
对"不争气"者多激励，少责骂	73
用模糊的语言说尖锐的话	75
说话避开别人的痛处，才能赢得好感	76
同女士交谈注意社交距离	78
别人说话时，不要轻易打断	79
出了错误，掩盖不如用谐音把话说圆	81
认真谦虚地听，完美地展现社交魅力	83
看清谈话对象的身份，然后再开口	85
别人郁闷时多说些宽心的话	87
从顺着对方的话开始，让对方放松下来	88
多请教，以满足他人的为师欲	89
有了分歧，切忌跟人发生正面冲突	91
学会尊重，私底下指出别人的缺点	92

Part 4　情商高就是会为人处世

与人相处，最重要的是"心领神会"	96
比别人多想一些，多做一些	97
争取更多的人支持自己	99
适时吃点儿眼前亏，以后才不会吃大亏	100
人情，应该在最需要的时候用	102
帮助朋友走出困境，与朋友真诚相交	104
遇事待人要照顾对方的自尊	107
被人需要胜过被人感激	109
看透不点透，说话太直白容易伤和气	111
超出别人的期待，吸引更多的注意	113
发现别人的优势和长处，取其长补己短	116

Part 5　说好难说的话，办好难办的事

借他人之口传达歉意	120
绕个圈子，学会艺术地说"不"	121
难以启齿的逐客令要讲得不动声色	122
以柔克刚，正话可以反说	124
谈吐有趣，在笑声中摆脱窘境	125
遭遇尴尬时故意说"痴"话	127
实话要巧说	128
打破与陌生人无话可说的尴尬	130
应对嫉妒，低调是最好的策略	131
博得领导的同情，从而获得帮助	132

让清高傲慢的人放下架子来帮你　　134

与性情暴躁的人合作办事，要以柔克刚　　136

求沉默寡言者办事要直截了当　　137

初入职场，说话要谦虚低调　　138

让合理建议的表达更有效　　140

如何消除下属对你的敌意　　141

巧妙应对不让人省心的下属　　143

Part 6　把握分寸，掌握尺度，说话办事要得体

时机未到时就得保持沉默　　146

受到攻击时，沉默是最好的方法　　148

别人论己时切莫打断　　149

恰当运用沉默的方式　　151

插话要找准时机　　153

点到为止　　155

发生冲突时切忌失去理智　　157

简单否定或肯定他人不可取　　159

拿不准的问题不要武断　　160

说话宽容，你的路才会越走越宽　　161

主动调侃比解释效果更好　　162

远离无谓的争论，有效深入人心　　164

委婉的表达更易被人接受　　165

开玩笑不要信口开河　　167

恭维的话要切合实际　　168

管住自己的嘴，没用的话不要说	169

Part 7　别犯忌讳，规矩不能坏，礼仪要懂得

不要随意谈论别人的短处	174
当心，说话无礼招人烦	175
广结人缘，不在背后诋毁他人	177
有错就要及时道歉	179
少发牢骚，别把自己变成"怨妇"	180
谦虚让你更有人缘	182
说话办事要和气，不要轻易得罪人	184
朋友遭遇不幸要及时安慰	185
维护朋友的自尊心才能留住友谊	187
记住别人的名字，获得好感的开端	188
言不在多，找到中心最关键	189
说服别人时要给对方台阶下	191
拖延也是一种说话办事的技巧	193
与人相处，不要轻易许下诺言	195
对待下属要先商量后命令	196
最好的奖赏是肯定和赞扬	198
避开左右为难的话题	200

Part 1
成功,从提高情商开始

哈佛最重要的一课：情商

1990年，一个新的心理学概念的提出在世界范围内掀起了一场人类智能的革命，并引起了人们旷日持久的讨论，这就是美国心理学家彼得·萨洛维和约翰·梅耶提出的情商概念。1995年10月，哈佛大学心理学博士、美国《纽约时报》的专栏作家丹尼尔·戈尔曼的《情商》一书出版，把情商这一研究成果介绍给大众，该书也迅速成为世界范围内的畅销书。

丹尼尔·戈尔曼说："成功是一个自我实现的过程，如果你控制了情绪，便控制了人生；认识了自我，就成功了一半。"这句话影响着一代又一代的哈佛人，拥有了高情商，你就可以让心中时时充满阳光。

随着人类对自身能力认识的深入，越来越多的人开始认识到在激烈的现代竞争中，情商的高低已经成为人生成败的关键。

不知大家有没有注意到，有些人的物质生活虽然不富有，但是看起来幸福满足，生活中充满了欢笑和友谊；而有些相对富有的人却经常在抱怨生活的不公，总在跟人倾诉："为什么自己的处境这样不好。"

学术、事业和物质生活的成功一定是幸福所必需的吗？一个人的成功和幸福之间的矛盾应该怎么来解释？答案就是情商——**一种了解和控制自身和他人情绪的能力**。有了它你就可以把握说话做事的分寸，去促成想看到的结果。那么什么是情商呢？

"情商"是"Emotional Quotient"的缩写，翻译过来就是情绪智慧。但这样的答案显然过于简略，要想更深入地认识情商，就有必要了解情商与智商的关系，因为在某种程度上，情商的概念是作为智商的对立面提出的。丹尼尔·戈尔曼在《情商》一书中明确指出，情商不同于智商，它不是天生注定的，而是由下列五种可以学习的能力组成的：

了解自己情绪的能力——能够立刻察觉自己的情绪，了解情绪产生的原因。

控制自己情绪的能力——能够安抚自己，摆脱强烈的焦虑、忧郁以及控制负面情绪的根源。

激励自己的能力——能够整顿情绪，让自己朝着一定的目标努力，增强注意力与创造力。

了解别人情绪的能力——能够理解别人的感觉，察觉别人的真正需要，具有同情心。

维系融洽人际关系的能力——能够理解并适应别人的情绪。

心理学家认为，这些对情绪的把握能力是生活的动力，可以让我们的智商发挥更大的效应。所以，情商是影响个人健康、情感、人生成功及人际关系的重要因素。

情商的培养有利于你做出正确的选择，主导自己的生活。情商指导人们如何处理情绪：

一是辨认情绪。情绪携带着数据信息，向我们暗示了身边正在发生的重要事件。我们需要准确地辨认自己和他人的情绪，来更好地传达自我的情绪，从而有效地与他人交流。

二是运用情绪。感受的方式影响着思考的方式和内容。遇到重要的事情，情商能确保我们在必要的时候及时采取行动，合理地运用思维来解决问题。

三是理解情绪。情绪不是随意性的。它们有潜在的诱发因素，一旦理解了这些情绪，就能更好地了解周围正在发生和即将发生的事情。

四是管理情绪。情绪传达着信息，影响着思维，所以我们需要巧妙地把理智与情感结合，才能更好地解决问题。不管它们受不受欢迎，我们都要张开双臂去选择、去接受积极情绪所促成的策略。

超市等着结账的队伍排得越来越长。玛格丽特大概排在队伍的第10位，因此她看不太清楚前面发生了什么事。只听到有人叫来主管，在对收款机进行检查，看来还得等很长时间。

玛格丽特等得有些不耐烦了，但是理智告诉她不能发火，因为她认为出现事故也不是收银员的错。10分钟后，收款机还没有修好，这时队伍远处有喊叫声。队伍前面有个男子说道："你们是什么专业素质啊！这么大的超市怎么会犯这种低级的错误呢？你能不能修好收款机啊？没看见队伍有多长吗？我还有事呢，太可恶了。"

收银员和主管道歉，说他们已经在尽力维修了，建议男子换个收款台。"为什么我要换啊？是你们的错，又不是我的错，浪费我的时间，我要投诉。"男子丢下购物车，愤愤地离开了超市。

男子离开后一两分钟，又发生了三件事。为了不耽误这支队伍的顾客交款，超市在旁边专门开了一个收款台；刚才坏了的收款机也修好了；为了表示道歉，主管给了玛格丽特及这个队伍中的其他顾客每人5英镑的优惠券。

玛格丽特挺高兴的，买了东西还得了优惠。而那个愤怒的男子不但没买到东西，而且没得到优惠券，还惹了一肚子的气。

这个故事中，谁处理好了情绪？显然是玛格丽特，她虽然也生气了，但她没有发火，只是耐心地等待，她站在别人的角度分析了情况，而她前面那个愤怒的男子没有控制住自己的情绪，也没有任何社交技能。

《牛津英语词典》上说："情绪是心灵、感觉、情感的激动或骚动，泛指任何激动或兴奋的心理状态。"简单来说，情绪是一个人对所接触到的世界和人的态度以及相应的行为反应，也就是快乐、生气、悲伤等心情，它不只会影响我们的想法和决定，更会激起一连串的生理反应。

情商是一种能力，是一种准确觉察、评价和表达情绪的能力；一种接近并产生感情，以促进思维的能力；一种调节情绪，以帮助情绪和智力发展的能力。这种能力的运用其实是一门艺术。

人的情绪体验是无时无处不在进行的，相信我们每个人都有过莫名其妙被某种情绪侵袭的经历。这些情绪体验既包括积极的情绪体验，也包括消极的情绪体验。并不是所有的情绪都对人的行为有利，所以，认识情绪，进而管理情绪，成为我们必须正视的课题。

情商是"命运的使者"

情商是人在进化中发展出来的技能。正是因为有了情商，人才能够在进化中逐步胜出，最终成为地球上的统治者。无数事例证实，情商就是一种情绪管理的能力。情商高，代表着情绪管理的能力强，人际关系和社会适应力也比较好。反过来说，情商低，代表一个人常常会陷入大悲大喜的情况，并且因为这种巨大的情绪起伏而最终一事无成。情商低的人相对来说人际关系很容易紧张，社会适应能力也较差。

美国一位来自伊利诺伊州的议员康农在初上任时就受到了另一位代表的嘲笑:"这位从伊利诺伊州来的先生口袋里恐怕还装着燕麦呢!"这句话的意思是,讽刺他身上还有着农夫的气息。虽然这种嘲笑使康农非常难堪,但他确实如此。这时,康农并没有让自己的情绪失控,而是从容不迫地答道:"我不仅在口袋里装有燕麦,而且头发里还藏着草屑。我是西部人,难免有些乡村气,可是我们的燕麦和草屑,能生长出最好的苗。"

康农没有恼羞成怒,而是很好地控制了自己的情绪,并且就对方的话"顺水推舟",做了绝妙的回答,不仅自身没有受到损失,反而闻名全国,被人们称为"伊利诺伊州最好的草屑议员"。

康农无疑是一个高情商者,对于讽刺和攻击他的语言,他没有愤怒,而是及时控制自己的情绪,用高情商化解了矛盾与尴尬。情商不仅仅是管理自我情绪,也管理他人情绪。

情商是一种管理情绪的艺术,如果你想快乐幸福地生活,就要学会了解和管理自己的情绪,这也是提高情商的方法。掌握并认真利用好这门艺术,将会令你受益一生。

海斯是一位学问高深的学者,获得斯坦福大学的博士学位。他有过这样一段令他深思的往事:

我从前在部队服役的时候,做过一个智商测试,测试的结果是我获得了160分,是基地里得分最高的。按照测试标准,我的智商已经达到了天才的水平。

我认识一位汽车修理工,他如果参加智商测试,我估计分数大概仅仅是人类智力的平均分——90分而已,所以我理所当然地认为我远比他聪明。然而,每当我的汽车出毛病,我都不得不去找他来解决问题,对他的结论洗耳恭听,奉若神旨,而他每次都能让我的汽车变得完好如初。

有一次,他从引擎上抬起头来,笑嘻嘻地对我说:"博士,有一个聋哑人到五金店买钉子,他把左手食指和拇指并拢放在柜台上,右手做了几次敲打的动作,店员拿了一把锤子给他,他摇摇头。店员注意到了他左手并拢的拇指和食指,于是给他拿来了钉子,这回聋哑人满意了。那么,博士,我来考考你:接着又来了一个盲人,他想买剪刀,你说他该怎么表示呢?"我伸出食指和中指,做了几次剪的动作。修理工哈哈大笑:"你这个笨蛋!他当然是用嘴说啦!"接着,他得意地说:"今天我用这个问题考了很多人。"我问他:"上当的人多吗?"

"不少。但我知道你肯定会上当的。"

"为什么?"我大吃一惊。

"因为你受的教育太多了,我知道你有学问,但不是太聪明。"

海斯无疑是一个高智商的人,但就是一个这么简单的问题,他都没有回答对,这是为什么呢?这就是情商在作怪,最起码他的情商不像他的智商那么出色。

丹尼尔·戈尔曼宣称:"婚姻、家庭关系,尤其是职业生涯,凡此种种人生大事的成功与否,均取决于情商的高低。"一份有关调查报告披露,在贝尔实验室,顶尖人物并非是那些智商超群的名牌大学毕业生。相反,一些智商平平但情商甚高的研究员往往凭借其丰硕的科研业绩成为明星。其中的奥妙在于,情商高的人更能适应激烈的社会竞争。

与社会交往能力差、性格孤僻的高智商者相比,能够敏锐了解他人情绪、善于控制自己情绪的高情商者,更可能找到自己想要的工作,也更可能取得成功。情商为人们开辟了一条事业成功的新途径,它使人们改变了过去只讲智商所造成的无可奈何的宿命论。

美国前总统比尔·克林顿小时候智商很高,小学的时候就一直品学兼优,但是他并没有注意培养自己的情商。有一次,学校把成绩单发了下来,克林顿除了一项外其余各项成绩都是A,也就是优秀,是哪一项成绩不是A,而是D呢?行为。为什么他的行为是D,老师是这样解释的,每次老师提问,比尔都会抢着回答,因为他智商高嘛。但是这样抢着回答,其他同学就没了机会。给他打D这个分,就是要提醒他一下,今后要注意改进。而"给别人机会",这已经超出了智商的范畴,只有情商高的人才懂得。

克林顿吸取了教训,当总统后,他提出,给一个人最高的奖赏是给他"一把钥匙"——一把开启未来成功大门的钥匙,这把钥匙是什么呢?它不是奖学金,而是懂得给别人一个机会。

多年以来,人们一直以为高智商就意味着高成就,其实,**人一生的成就至多20%归功于智商,80%则受情商的影响。**所谓20%与80%并不是一个绝对的比例,它只是表明情商在人生成就中起着决定性的作用。尽管智商的作用不可或缺,但过去我们把它的作用估量得太高了。

为此,心理学家霍华德·加嘉纳说:"一个人最后在社会上占据什么位置,绝大部分取决于非智力因素。"许多资料显示,情商较高的人在人生各个领域都占尽优势,无论是人际交往,还是在主宰个人命运等方面,其成功的概率都比较大。

哈佛学者都深知一个道理，那就是情商在引领他们走向卓越，超越平庸。绝大多数人的智商都是差不多的，而后天的情商教育与情商培养则可以改变我们的生命轨迹。当你相信情商的力量时，情商就会带给你意想不到的奇迹。

情商让你不抱怨

抱怨是低情商的表现，人在面临困境的时候，不要抱怨命运。因为抱怨不但让自己内心痛苦不堪，而且在怨天尤人的愤怒情绪中，只会把事情搞得越来越糟，再次错过解决问题的机会。抱怨除了使自己对待他人的态度很恶劣以外，还会令自己一事无成。

哈佛学者说："有所作为是生活中的最高境界。而抱怨则是无所作为，是逃避责任，是放弃义务，是自甘沉沦。"不管我们遇到了什么境况，喋喋不休地抱怨注定于事无补，甚至还会把事情弄得更糟。所以，不妨用实际行动来打破正在桎梏你的藩篱，用行动为你的抱怨画上一个完美的休止符。

艾丽和密娜达是通用公司内勤部的职员，有一天她们被通知一个月之后必须离岗，这对两个年轻姑娘来说是沉重的打击。

第二天上班时，艾丽的情绪依旧很消沉，委屈让她难以平静下来。她不敢去和上司理论，只能不住地向同事抱怨："为什么要把我裁掉呢？我一直在尽最大的努力工作。这对我来说太不公平了！我也没做错什么。我真是倒霉啊！"同事们都很同情她，不住地安慰她。当第三天、第四天，艾丽依然不停地抱怨时，同事们开始感到厌烦了。

而密娜达在裁员名单公布后,虽然哭了一晚上,但第二天一上班,她就和以往一样开始了一天的工作。当关系比较好的同事悄悄安慰她时,她除了表达感谢外,还在诚恳地进行自我反省:"一定是我某些地方做得还不够,所以,这最后的一个月里,我一定要更加努力地工作,这是一个很好的让自己反思的机会。"所以,在离职之前的一个月中,她仍然每天非常勤快地坚守在自己岗位上。

一个月后,艾丽如期下岗,而密娜达却从裁员名单中被删除并留了下来。内勤部的主任当众传达了老总的话:"密娜达的岗位,谁也无法替代,像密娜达这样的员工,公司永远不会嫌多!"

密娜达无疑是一个高情商的人,她拒绝抱怨,用行动保住了工作。没有人喜欢抱怨者,正如没有人喜欢自大狂。**经常抱怨的人,**不但会招致他人的反感和厌恶,而且**极易使自己沦为负面情绪的奴隶**,进而遮住人生灿烂的阳光,阻断事业辉煌的道路。

停止你的抱怨吧!让烦躁的心情平静下来。你所埋怨的并不是导致你贫困和痛苦的根源,根本原因就在你自身。**你抱怨的行为本身,正说明你倒霉的处境是咎由自取**。喜欢抱怨的人在世上是没有立足之地的,而烦恼忧愁更是心灵的杀手。缺少良好的心态,就如同收紧了身上的锁链,将自己紧紧束缚在黑暗之中,只有把抱怨赶走的人,才有获得成功的机会。

古希腊有一位国王,他拥有至高无上的权力、享用不尽的荣华富贵,但他并不快乐。他可以主宰自己的臣民,却难以操控自己的情绪,他常常发火,莫名其妙的焦虑和忧郁不时地让他闷闷不乐、寝食难安,他不明白这是为什么,这样的情绪让他痛苦不堪。

于是，他召来了当时最负盛名的智者苏菲，要求他找出一句人间最有哲理的箴言，而且这句浓缩了人生智慧的话必须有一语惊心之效，能让人胜不骄、败不馁，得意而不忘形、失意而不伤神，始终保持一颗平常心。苏菲答应了国王，条件是国王将佩戴的一枚宝石戒指交给他。几天后，苏菲将戒指还给了国王，并再三劝告他："不到万不得已，别轻易取出戒指上镶嵌的宝石。"没过多久，邻国大举入侵，整个城邦陷于敌手，于是，国王四处逃命。

有一天，为逃避敌兵的搜捕，他藏身在河边的茅草丛中，当他掬水解渴，猛然看到自己的倒影时，不禁伤心欲绝——谁能相信如今这个蓬头垢面、衣衫褴褛的人，就是那个曾经气宇轩昂、威风凛凛的国王呢？

就在他双手掩面，欲投河轻生之际，他想到了戒指。他急切地抠下了上面的宝石，只见宝石里面镌刻着一句话——**一切都会过去**。顿时，国王的心头重新燃起希望的火花。从此，他忍辱负重、卧薪尝胆，重招旧部并东山再起，最终赶走了外敌，夺回了王国。

当他再一次返回王宫后，所做的第一件事便是将"一切都会过去"这句箴言，镌刻在象征王位的宝座上。后来，他被誉为"最有智慧的国王"，名垂青史。

这个国王一开始是情绪的奴隶，当他是一国之君的时候，不时地抱怨、郁闷。然而当他一无所有的时候，他却战胜了自己，成为情绪的主人，最终成为"最有智慧的国王"。

如果我们不知道自己要什么，就别抱怨上天的不公，那些喜欢大声抱怨自己缺乏机遇的人，往往是在为自己的失败找借口。成功者不善于也不需要寻找借口，因为他们能为自己的行为和目标负责，能享受自己努力的成果，更能理智地接受失败。

有一点我们必须要知道，抱怨于事无补，并且只会让自己的情绪变得更糟。那些终日抱怨的人，是没有办法获得成功的。

威尔·鲍温曾经接受一家电台晨间节目的采访，采访结束后与工作人员聊天时，一位播音员对他说："我是靠抱怨谋生的，而且我靠抱怨获得了非常高的薪水。"

鲍温问他："如果把快乐分成从一到十这十个等级，你在哪个等级呢？"

很明显，他愣了一下，几秒钟之后他伤感地问鲍温："有负数可以选吗？"

那一刻，鲍温感受到了这位"高薪"播音员内心的不安。

其实，曾经有一段时间，鲍温也像那位播音员一样，内心充满忐忑。所以他总是想用自己的大嗓门、抱怨和对他人的指责来释放心里的不安。当鲍温的第一任妻子离开时，她告诉鲍温在他的身边从来没有过安全感，这令她身心交瘁。

从那天开始，鲍温进行了认真的反省。多年以来，他一直试图改变身边的一切以变成一个让人有安全感的人，但是长时间的思考之后，他才豁然明白，**有安全感代表接受事物的原貌，而不是试图改变它。**

对于一个常常抱怨的人来说，不安的情绪是他们在每天的生活中必然要承受的，以至于渐渐成为不可言说的习惯。

那些内心踏实的人，往往能够认同自己的长处，接受自己的缺点，悠然自得，从来不会透过他人的目光来肯定自己。而没有安全感、内心充满不安的人，常常质疑自己的重要性，他们或者将自己的成就昭告天下，以博得赞赏，或者反复诉说不幸的遭遇，以换取同情，久而久之，他们习惯了用各种方式来掩饰自己的不安，而终于成为一个爱抱怨的人。

真正有安全感的人能够诚实面对自己的情绪，安于自己的不安，他们不会压抑自己内心的种种情绪，而会自然而然地接受所有痛苦情绪带来的不适，一旦内心真正接受了，自然不需要通过其他途径来发泄。

情商是一种"综合软技能"

我们把情商理解为一种"软技能"，而与软技能相对应的硬技能通常是可以衡量的，如学习能力。在任何一个领域，衡量专业技能的标准就是证书和学位，而这些往往都具有很大的商业价值。大多数工作都是靠这些硬东西来评判能力的，不论是在学术著作还是实践操作中，这些都表示我们达到了某个行业（如银行业、烹饪业、IT行业等）所需的专业要求。学习这些技能大多数都需要付出很大的努力，目标也都很直接。你有固定的途径去选择学习那些技能。从初学者到专家，都有测试能力的等级考试。拿到学位和答辩过关就表示你已经达到目标、具有竞争力了。

21世纪的生活竞争力越来越大，硬技能已经开始不够用了，你还需要拥有高等级的"软技能"，如：

——与他人融洽相处的能力；
——有效地领导团队（靠软硬兼施管理的日子已经过去了）；
——促进他人的进步和管理他人的知识；

——自我成长；

——人际交往能力强；

——尽可能有效地运用认知（思考）能力；

——面对困难时，依然保持活力；

——积极处理批评和困境的能力；

——在危机中保持冷静的能力；

——做决定时，有理解和接受他人有效观点的能力。

这些软技能统统可以归于情商。情商有五大内容，均属于软技能，下面来详细分析一下这五大内容。

1. 自我认知的能力

古希腊德尔斐城的帕提农神庙里，镌刻着苏格拉底的一句名言，**认识你自己**。这是这座神庙里唯一的碑铭。然而，认识自己并非易事，所谓"不识庐山真面目，只缘身在此山中"。

我是谁？我从哪里来？要到哪里去？我为什么要这么做？我为什么不高兴……这些问题从古希腊开始，人们就在不断地问自己，然而至今都没有得出令人满意的答案。

正因为如此，人常常迷失在自我当中，很容易受到周围信息的暗示，并把他人的言行作为自己行动的参照。认识自己，心理学上叫自我知觉，是一个人了解自己的过程。在这个过程中，人容易受到来自外界信息的暗示，从而出现自我知觉的偏差。

认识自我包括如下内容：

我的身体外形——有什么优势，有哪些缺陷；

我的情绪个性——是易冲动还是沉着；

我的气质类型——是胆汁质、多血质、黏液质还是抑郁质；

我有什么长处，什么短处……

如果因为自己的高矮胖瘦而不能坦然面对自我，那么自我认知就出现了障碍。也有一些人对自己所扮演的角色、所处的位置认识不清，导致命运悲剧的发生。

2. 控制自己情绪的能力

情商的一个重要内容是控制自我，没有自制力的人终将一无所成，因为哪怕是一点儿的小刺激或小诱惑他都抵制不了，进而深陷其中。控制自己情绪是人区别于动物的重要标志。人是有理性的，而非依赖感情行事。德国作家托马斯·曼告诫人们："抵制感情的冲动，而不是屈从于它，人才有可能得到心灵上的安宁。"

自制，顾名思义就是克制自己。看似不自由，殊不知，为了获得真正的自由，必须有意识地克制自己。没有自制力的人是可怕的，不但他的思想会肆意泛滥，行为更会如此。有人喝酒成瘾、上网成瘾，这些无一不是缺乏自制力的表现。一个失去自制能力的人是不会得到命运的眷顾的。

3. 自我激励的能力

自我激励就是给自己打气，鼓励自己要争气，在逆境中要奋起。而支持崛起的信念则来自于自我激励。许多不成功的人不是没有成功的能力与潜质，而是他们在思想上就不想成功。他们在受到羞辱时除了黯然神伤，嗟叹命运不济外，从不给自己打气，他们会习惯"劣势"，久而久之就真的只有失败与其为伍。

也有一些人并不是不给自己一点儿激励，而是很快就把对自己的承诺抛在脑后，没有认真地执行过当时的目标。一个有成功意识的人，都是允许自己失败，却不允许自己倒下。因为失败是一时的，可以激励自己往上走，但倒下就是永久的失败。

4. 识别他人情绪的能力

日常生活中,时常有人抱怨某人"不会察言观色",或者"没有眼力见儿",无论是哪种表达,都是关于情商中识别他人情绪的表现。一个不懂得识别他人内心的人,是很难达到想要的成就的。

识别他人的情绪是与人沟通方面必不可少的能力,这种能力不仅能影响他人,更能影响自己。

5. 人际交往的能力

有一个叫泰德·卡钦斯基的人,他16岁进哈佛,20岁毕业,而后在密歇根大学获得数学硕士、博士学位。接着,他又到世界一流的加州大学伯克利分校数学系任教。然而,卡钦斯基虽然智力超群,却从未培养过自己的社会交际技能。他从不同任何人交往,更不能与人建立长久的关系。在大学里,他也如此,人们送了他一个"哈佛隐士"的绰号。

卡钦斯基在制造炸弹方面有特殊才智,但他在社交方面却是低能儿,因长期压抑而导致心理异常。他不但没有对社会做出贡献,反而还用自己研制的炸弹杀死了3人,伤了22人。

这就是缺乏人际交往能力的后果,人际关系学大师戴尔·卡耐基说,"一个人的成功取决于20%的专业能力和80%的人际关系",足见人际交往能力的重要。而他所说"20%的专业能力"主要靠智商来获取,"80%的人际关系"却是靠情商获得。

情商与智商：人生的左膀右臂

有人说成功者是"80%情商+20%智商"，失败者是"20%情商+80%智商"。对于人类来说，情商与智商都很重要，如同人的左膀右臂，缺一不可。

以往认为，一个人能否在一生中取得成就，智力水平是第一重要的，即智商越高，取得成就的可能性就越大。但现在心理学家们普遍认为，情商水平的高低对一个人能否取得成功也有着重大的影响作用，有时其作用甚至超过智力水平。

情商水平不像智力水平那样可用测验分数较准确地表示出来，它只能根据个人的综合表现进行判断。心理学家们还认为，情商水平高的人具有如下特点：社交能力强，外向而愉快，不易陷入恐惧或伤感，对事业较投入，为人正直，富有同情心，情感生活较丰富但不逾矩，无论是独处还是与许多人在一起时都能怡然自得。一个人是否具有较高的情商，和童年时期的教育培养有着密切的关系。因此，培养情商应从小开始。

凯文·米勒小时候学习成绩不好，高中毕业时靠着体育方面的才能，勉强进入了芝加哥大学学习。许多年后，在他公开的日记中有这样的记述："老师和父亲都认为我是一个笨拙的儿童，我自己也认为其他孩子在智力方面比我强。"凯文·米勒经过多年的努力，成为美国著名的洛兹集团的总裁。

那么，究竟是什么让凯文·米勒从平凡走向卓越的呢？是情商。达尔文在他的日记中说："教师、家长都认为我是平庸无奇的儿童，智力也比一般人低下。"但他却成了伟大的科学家。爱因斯坦在1955年的一封信中写道："我的弱点是智力不好，特别苦于记单词和课文。"但他成了世界级的科学大师。洪堡上学时的成绩也不好，在一次演讲中他说道："我曾经相信，我的家庭教师再怎样让我努力学习，我也达不到一般人的智力水平。"可是，二十多年后他却成为杰出的植物学家、地理学家和政治家。

丹尼尔·戈尔曼用了两年时间，对全球近500家企业、政府机构和非营利性组织进行分析，发现成功者除具备极高的智商以外，其卓越的表现亦与情商有着密切的关系。在一个以15家全球企业，如IBM、百事可乐及沃尔沃汽车等数百名高层主管为对象的研究中发现，平凡领导人和顶尖领导人的差异，主要来自情商。

卓越的领导者在一系列的情商，如影响力、团队领导、政治意识、自信和成就动机上，均有较优异的表现。情商对领导者特别重要，是因为领导者的精髓在于使他人更有效地做好工作。一个领导者是否卓越，在很大程度上取决于他的情商。

智商和情商，都是人的重要的心理品质，都是事业成功的重要基础。它们的关系如何，是智商和情商研究中提出的一个重要的理论问题。正确认识这两种心理品质之间的差异和联系，有利于更好地认识人自身，有利于克服"智力第一"和"智力唯一"的错误倾向，有利于培养更健康、更优秀的人才。

1. 智商和情商反映着两种性质不同的心理品质

智商主要反映人的认知能力、思维能力、语言能力等。而情商主要反映一个人感受、理解、运用、表达、控制和调节自己情绪的能力，以及处理自己与他人之间的情感关系的能力。它们是相对理性与相对感性的集合，是不同类型的比较。

2. 智商和情商的形成基础有所不同

智商和情商虽然都与遗传和环境因素有关，但是，它们与遗传和环境因素的关系是有所区别的。智商与遗传因素的关系远大于社会环境因素。而情商与环境因素的关系大于遗传因素。

3. 智商和情商的作用不同

智商的作用主要在于更好地认识事物。智商高的人，思维品质优良，学习能力强，认识深度深，容易在某个专业领域做出杰出的贡献，成为某个领域的专家。情商影响着人类认识和实践活动的动力。它通过影响人的兴趣、意志、毅力，加强或弱化认识事物的驱动力。智商不高而情商较高的人，学习效率虽然不如高智商者，但是，有时能比高智商者学得更好，成就更大。因为他们锲而不舍的精神使得勤能补拙。

聪明人≠成功者

智商曾一度统治成功学的领域，人们在感慨谁智商高谁就能成功的同时，不禁有些迷茫，原因在于发生在我们身边的一个个高智商神话的破灭。

国内高等学府的学生因不堪各种压力而自杀，因一点儿小事而愤然用刀砍死同学……太多的天之骄子的言行让我们震惊，我们不禁要问，难道是这些学生不够聪明吗？

这是一个不言而喻的结论，因为我们都明白问题的根源不在于他们的智商，而是他们不懂控制自己的情绪，以致情绪失控；不知道调整自己的心理状态，于是在面对人生逆境时选择了结束自己的生命。这些伤害他人的高智商人物的悲剧，本来可以避免，他们将来可能会取得卓越的成就，但因为情商不高，最终做出了令人扼腕叹息的事情。

年轻时，莫奈是一个汽车修理工，当时的处境离他的理想差得很远。一次，他在报纸上看到一则招聘广告，休斯顿一家飞机制造公司正向全国广纳贤才。他决定前去一试，希望幸运会降临到自己的头上。他到达休斯敦时已是晚上，面试在第二天进行。

吃过晚饭，莫奈独自坐在旅馆的房中陷入了沉思。他想了很多，自己多年的生活历历在目，一种莫名的惆怅涌上心头："我并不是一个低智商的人，却为什么老是这么没有出息？看看身边的人，论聪明才智，他们实在不比我强。"最后，他发现，和这些人相比，自己缺少一个特别的成功条件，那就是情绪经常对自己产生不良影响。

他第一次发现了自己过去很多时候不能控制的情绪，比如爱冲动、遇事不冷静，甚至有些自卑，不能与更多的人交往等。整个晚上他就坐在那儿检讨，他总认为自己无法成功，却从不想办法去改变性格上的弱点。

莫奈痛定思痛，做出了一个令自己都很吃惊的决定：从今往后，决不允许自己再有不如别人的想法，一定要控制住自己的情绪，全面改善自己的性格，塑造一个全新的自我。

第二天早晨，莫奈一身轻松，像换了一个人似的，满怀自信地前去面试，他被录用了。两年后，莫奈在所属的公司和行业内建立起了很好的声誉。几年后，公司重组，分给了莫奈可观的股份。

莫奈也许是个聪明人，但在没有认清自己的缺点之前，他是一个低情商的人。当认清自己的时候,他离高情商已经不远了,所以他成功了。可见,一个聪明人不一定成功,但高情商的人成功的概率却会很大。

事实已经证明,情商对人的成功有着至关重要的作用。在许多领域卓有成就的人当中,有相当一部分人在学校里被认为智商并不高,但他们充分发挥了自己的情商,最终获得了成功。

请记住:**聪明人不等于成功者。**

实力与学历比高低

在人们越来越相信"智商决定你能否被录用,而情商则决定你能否被提升"的时候,情商已然成为我们生命的主宰。

有许多人满怀雄心壮志,认为"实力胜于学历",所谓实力胜于学历,事实上是指为人处世而言。有些时候,高学历者的自尊心会排斥与别人的交往,因此不受人欢迎,也不容易成功。所以一些学校里的优秀人才,踏入社会后就显得不那么优秀了。

不要把你的学历作为"通行证"。学历并不能代表能力,它只是你曾经学习过的证明。

当我们怀着美好的理想走入社会时,时常会碰上一个又一个的难题。播下种子,却没有开花,不必灰心失望,我们注重的不是妖艳的花朵,而是沉甸甸的果实。

一天午后,一位老妇人走进费城的一家百货公司,大多数的柜台人员都不理她。有一位年轻人却问是否能为她做些什么。当她回答说只是在等雨停时，这位年轻人并没有向她推销她不需要的东西，也没有转身离去，而是给她拿了一把椅子。雨停之后，老妇人向年轻人说了声谢谢，并向他要了一张名片。

几个月之后，这家店主收到了一封信，信中要求派这位年轻人去苏格兰收取装潢一座城堡的订单！这封信就是那位老妇人写的，而她正是美国钢铁大王安德鲁·卡内基的母亲。

成绩和成就不一定成正比，你不能以学业的成败评估自己未来的成就。哈佛商学院为了发现与学生未来成功相关的因素，做了大量的调查研究。调查结果显示，"一个学生在学校里的成绩与他将来的成就之间并无关系。短期内可能还有点儿关系，而长期看来根本没有什么关系。"作为一名学生，必须能够正确认识短期学业上的成败。生活之路是很漫长的，即使是哈佛大学最顶尖和最失败的学生也必须脚踏实地地走完剩下的 2/3 的人生旅程。

与一个没有机会上大学，却在残酷的生存竞争中熟知人情世故的人相比，涉世不深的学生显然会打败仗。一个大学毕业生常常不知道自己的真实分量，他们往往生活在一个理想的王国里，而这个王国是没有那些人情世故的。所以，那些饱读诗书的人，常常会在这个王国里迷失自己，这就是低情商的表现，究其原因是他们没有认清实力与学历孰轻孰重。

即使你知道得很多，但如果你不善于把你的知识用于你的需要，那再多的知识也没有用处。能力往往比学历重要，它不仅仅是实力，更是一种高情商的表现，只要我们用好它，必然会事半功倍。

影响情商高低的因素

情商的高低决定着一个人的成败与否。所以情商对于人来说很重要。如果想提高情商,就需要找到影响情商高低的因素。

1. 先天因素

据英国《不列颠百科全书》智力商数词条载:"根据调查结果,约70%~80%智力差异源于遗传基因,20%~30%的智力差异系受到不同的环境影响所致。"情商的形成和发展,先天的因素也是存在的。例如,人类的基本表情通见于全人类,具有跨文化的一致性。

美国心理学家艾克曼的研究表明,从未与外界接触过的新几内亚人能够正确地判断其他民族人们照片上的表情。但是,情感的表达方式却有很大的文化差异。民俗学研究表明,不同民族的情感表达方式有着显著差异。

虽说情商后天可以培养,但还是有一些先天因素起作用。

儿童心理学研究表明,先天盲童由于受到社会交流障碍导致的社会化程度较弱的影响,其情感能力相对薄弱。人类学研究表明,原始人类的情感与文明人的情感有极大差异。他们易怒易喜,喜怒无常,自控能力很差。

2. 心胸

1861年,美国总统林肯面临着一个莫大的难题——战争已经爆发,却没有能够作战的将领。林肯听说有一位将军,骁勇善战并善于训练军队,就请他担任主将。可是,这位将军的脾气一点儿也不比他的本事小，他经常在公开的场合羞辱林肯。不知道有几个总统或者元首能够忍受如此的无礼，但是林肯做到了。

林肯的做法是杰出的，他有一句名言："我不关心个人荣辱，只在乎事态的发展。"那些动不动就说"我宁愿……也不……""我不在乎老板要我做什么，我只是受不了他的态度"的人，他们的情商首先值得怀疑，因为他们没有宽阔的心胸。一时的委屈很快就会烟消云散，而有些事情却会影响深远。高情商之人都有宽广的心胸。

3. 思想

一个人追求的目标越高，就越容易不拘小节，一个人越成功，就越能忍受不公和不如意。他们志趣高远，牢记自己的目标，知道什么才是最重要的，什么只是暂时的、无所谓的，所以不会对一些不愉快的情绪和不如意的事情耿耿于怀。那些献身伟大事业的人，可以不计个人荣辱，而那些胸无大志的人常常连一句嘲讽都受不了。只有那些无所事事、浑浑噩噩的人才最容易庸人自扰。

4. 自控

一个有自制力的人，不会被人轻易打倒；能够控制自己的人，通常能够做好分内的工作，不管是多么大的挑战皆能克服。许多年轻人情绪易波动，自制力较差，往往从理智上想自我锤炼，积极进取，但在感情和意志上控制不了自己。

要成为一个自制力强的人，需做到以下几点：

——自我分析，明确目标；

——提高动机水平；

——从日常生活小事做起；

——绝不让步迁就；

——进行自我暗示和激励；

——进行放松训练。

5.心态

人生在世，谁都会遇到许多不尽如人意的事，关键是你能否以一种平和的心态去面对一切。平和就是对人对事看得开、想得开，不斤斤计较生活中的得失，能够超脱世俗困扰、红尘诱惑，视功名利禄为过眼烟云，有登高临风、宠辱不惊的胸怀。这样的心态，不是看破红尘、心灰意冷，也不是与世无争、冷眼旁观、随波逐流，而是一种修养、一种境界。

诗人拜伦说："真正有血性的人，绝不乞求别人的重视，也不怕被人忽视。"爱因斯坦用支票当书签，居里夫人把诺贝尔奖杯给女儿当玩具。莫笑他们的"荒唐"之举，这正是他们淡泊名利的平常心的表现，是他们崇高精神的投射。

一个人的思维方式，直接影响到人们对情绪的处理。**凡事能够用发展的眼光去看待，用积极的心态去面对，就能从中受益。**

一切困难都是提高情商的契机

每个人的生活都不是一帆风顺的，都会遇到许多问题。我们每一个人的心理状态也都是一个连续谱，不会永远处在一个十分好的位置。正如心理咨询师常说的："心理问题就像我们日常的伤风感冒一样，是每个人都可能遇到的正常现象。"然而，这些困难都是提高我们个人情商的契机，可以使我们在出现困难时更好地面对和解决，使我们不断成长起来。

10月的一天,在美国堪萨斯州洛拉镇,一家小农舍的炉灶突然发生爆炸。当时,屋里有一个8岁的小男孩,很不幸的是,他没有逃过这次劫难,身体被严重灼伤。医生无奈地告诉孩子的父母:"孩子的双腿伤势太严重,恐怕以后再也无法走路了。"

生活就是这么残酷!在成长的某个阶段,也许命运会对我们不公,会让我们陷入许多难以预料的困境,但同样是困难,人们所收获的结果有时却大相径庭。面对如此的不幸,男孩没有就此消沉,他暗暗下定决心,一定要再站起来。

在以后的日子里,父母看见儿子终日试图伸直双腿,不管是在床上,还是在轮椅上,累了就歇一会儿,然后接着练。就这样足足坚持了两年多,男孩终于可以伸直右腿了。这下,家人都对他有了信心,只要有机会,大家都会帮着男孩练习。一段时间后,男孩竟然可以下地了,但他只能一瘸一拐地走路,很难保持平衡,走几步就会摔倒。过了几个月,男孩能正常走路了,虽然拉伸肌肉让他疼得说不出话来。

这是生命的奇迹,也是信心的奇迹,更是钢铁般意志所创造的奇迹。精神的力量到底有多大,谁也说不清楚,但有一点可以肯定,那就是,精诚所至,金石为开。

经过艰苦的努力和锻炼,男孩腿上松弛的肌肉终于再次变得健康起来,多年之后,他的腿和其他人一样强壮,仿佛从来没有发生过那次意外。男孩进入大学后,参加了学校的田径赛,他参加的项目是1英里赛跑,因为他立志成为一名长跑选手。从此以后,男孩的一生都和长跑运动紧密相连。这个曾经被医生判定永远不能再走路的男孩,就是美国伟大的长跑选手之一——格连·康宁罕。

面对生活中所遇到的坎坷与创伤，我们不应只一味地抱怨，相反，我们更应该学会去感激它们。因为只有在挫折中，人才能不断地成长起来，同时不断提高自己的情商。人的一生也就是在这种不断地超越困难、超越自我的过程中走向顶峰的，即使是在很小的挫折中我们学到的东西，也要比长期一帆风顺带给我们的收获丰富得多。不平凡的经历造就不平凡的人。因此，只要你有心，只要你选择成长，生活就会变得与众不同！

苦难是考验我们的一份含金量最高的试卷，只有经历过苦难磨砺的人生，才会光芒四射。因为，命运在赐予我们苦难的同时，往往也会把开启成功之门的钥匙放到我们的手中，一切困难都是提高情商的契机。

其实，我们每个人都会遇到各种困难，有时甚至是不幸、厄运。苦难就像一条狗，它不经意就会向我们扑来。如果我们畏惧逃避，它就追着我们不放；如果我们直起身子，挥舞着拳头向它大声怒喝，它就会夹着尾巴灰溜溜地逃走。只要你拥有对生命的热爱，苦难就永远奈何不了你。

人生中会遇见种种意想不到的问题、困难，浅尝辄止，轻易言退，是做事的大忌。成功，往往产生于再试一次的努力之中。

古代一位君王勇猛善战。有一次，因战争失利，他不得不在一个马厩里躲避敌军的搜捕。作为一国之君，躲在马厩里，他越想越丧气，简直忍不住要冲出去放弃自己的生命。就在这时，他看到马厩里有一只蚂蚁在艰难地拖着一颗玉米粒，试图爬过一道它看似不可能过去的坎儿。已经是第30次了，蚂蚁从坎儿上翻滚下来，但小小的蚂蚁似乎没有意识到困难的巨大，它又一次衔起玉米粒爬了上去，终于成功地翻了过去。

君王从中受到了巨大的鼓舞。脱险后他召集军队，不屈不挠地与敌人斗争，最后他们击溃了敌人，取得了胜利。

这个故事告诉我们，抱着绝不放弃的态度，是赢得美好人生永远适用的基本原则。人的一生难免会有很多苦难，无论是与生俱来的残缺，还是生活的打击，只要敢于面对，自强不息，就一定会赢得掌声，赢得成功，赢得幸福。很多时候，困难就像是弹簧，你强它就弱，你弱它就强。勇敢是优秀的禀赋，只有勇敢地面对困难、克服困难，才能获得成功。

大自然让人们在奋斗的过程中不断成长、壮大与进步。这种过程是痛苦的经历还是深刻的体验，视一个人的态度而定。未经磨难，是不可能成功的。困难可以将你击垮，也可以使你重新振作。这取决于你如何去看待和处理困难。当你从困难中获取能量的同时，也提高了自己的情商。

成功学家温特·菲力说："失败，是走向更高地位的开始。"没有经受过大的失败的人，也不会获得大成功。成功与失败如同人生发展的两个轮子。在实际生活中，只有自信主动、心态积极、坚持开发自己潜能的人才能真正领会它的含义。

你做某件事情失败了，意味着什么呢？无非有三种可能，一是此路不通，你需要另外开辟一条路；二是某种故障作怪，应该想办法解决；三是还差一两步，需要你进行更多的探索。这三种可能都会引导你走向成功。失败有什么可怕的呢？成功与失败，相隔只有一线。即使你认为失败了，只要有"置之死地而后生"的态度和自信还是可以反败为胜的。如果你不怕丢面子，不怕别人说三道四，那么失败传递给你的信息只是需要再探索，再努力，而不是你不行。不敢再试一次，往往是导致事业和人生失败的致命原因。再坚持一下，成功就在拐弯处。

苦难可以磨炼意志，每个人都应勇敢地、坚定地走好生命中的每一步路。要正确地面对困难，一切困难都是提高情商的契机。

Part 2
自我认知，是高情商的起点

看清镜子里的你

在生活中,很多人习惯把别人当成认识自己的镜子,透过别人来看自己。事实上,那面最明亮的镜子就是你自己。

自欺欺人改变不了人们眼中的事实。所以,每个人都需要以"己"为镜,看清自己,认识自己,随时正衣、去污,保持真实的自己,从而做一个高情商的人,将生活过得潇洒自如。

其实,谁也不能做你的镜子,只有你自己才是自己的镜子。

就像一幅漫画所描述的,一只猫站在镜子前得意地照着自己,结果镜子中映出来狮子的模样。它把狮子当成镜子,看到的自然是狮子的模样。

每个人来到这个世界上,都有自己的角色和任务。每个人要牢记自己的使命,不断进取,努力去做最好的自己。

一千个人有一千种生活方式,有一千个愿望。不同的生活方式和愿望,就会产生不同的生活态度。你可以参照别人的态度来确定自己的态度,也可以吸取借鉴别人成功的经验和失败的教训,但你不能教条地照着别人那样做。你必须看清自己,准确定位自己,明确自己的价值,弄清楚自己想追求什么,有哪些捷径可以走,可以采取哪些有效的方法。

现实中不乏这样的人,他们从众随大流,人云亦云。他们的眼睛一直追随着别人。他们仿效别人,把别人的追求当成自己的追求,用别人的脚步来衡量自己的脚步。然而,每个人都是独立的个体,都有自己的节奏和规律。每个人的追求也都不同。

这种盲从只能让你迷失了你自己。

有个人问同伴:"你是否了解你自己呢?"

"是呀,我是否了解我自己呢?"同伴想,"嗯,我回去后一定要好好观察、思考、了解一下我自己的个性和心灵。"回到家里,同伴拿来一面镜子,仔细观察自己的容貌、表情,然后分析自己的个性。

他看到自己的头发。"嗯,不错。"他看到自己的鹰钩鼻。"嗯,大侦探福尔摩斯就有一个漂亮的鹰钩鼻。"他想。

他看到自己的大长脸。"嗨!伟大的林肯总统就有一张大长脸。"他想。

他发现自己个子矮小。"哈哈!拿破仑个子矮小。我也同样矮小。"他想。

他发现自己有一双八字脚。"呀,卓别林就有一双八字脚!"他想。于是,他终于了解了自己。

在生活中,我们要学会反躬自问,要学会每过一段时间就用它来擦拭我们的心灵,摒弃不利的一面,留下有益的一面,并积极寻找有利于我们成长和进步的精华。这也是成功人生的必然要求。

以己为镜,就是用自己的目标检验自己的言行。这一辈子,你想做一个什么样的人?你想办成什么样的事?你想学到什么样的知识?你想让自己的人生如何度过?如果你不想让生命虚度,那么就应该每天用自己的理想和目标衡量一下自己的言行。

聪明的人知道最好的镜子就是自己。聪明的人更善于利用自己这面镜子,为成功做点滴的积累。

描绘自己的心灵地图

无论是面对自我,还是面对世界,每个人都有一定的思维方式。在人类的思想行为中,有"五大基本问题":

我是谁?
如何成为今天的我?
为什么我会有这样的思考、感受和行动?
我能改变吗?
最重要的问题是——我怎么做?

通过这五大基本问题,我们的心灵告诉我们该怎么去认识世界、该怎么行动。思维对一个人的发展来说,是至关重要的。它决定了我们对待自我、对待世界的态度。思维可以说是对于我们所能感知的世界的一个认知缩写。无论这个认知正确与否。

我们可以把思维比作地图。这幅地图并不代表一个实际的地点,只是告诉我们有关地点的一些信息。思维也是这样,它不是实际的事物,而是对事物的诠释。

英国作家王尔德说:"那些自称了解自己的人,都是肤浅的人。"这种说法虽有片面性,但也有一定的道理。因为对每个人来说,要想完全了解自己,并不是一件容易的事情。就像有些时候,我们面对镜子里的自己发出疑问:"这是我吗?"

所以，我们要用思维来为自己描绘一幅心灵的地图。这样，你才不会迷路，才会真正认识自己。

1967年，帕瓦罗蒂被著名指挥大师卡拉扬挑选为威尔第《安魂曲》的男高音独唱者。从此，帕瓦罗蒂名声大振，成为活跃于国际歌剧舞台上的四大男高音之一。

当一位记者问帕瓦罗蒂成功的秘诀时，他说："我的成功在于我在不断的选择中选对了自己施展才华的方向。我觉得一个人如何去体现他的才华，就在于他要选对人生奋斗的方向。"

帕瓦罗蒂是一个有思想的人，他选择了适合自己的路。在人生的道路上，他没有迷失。他敢于为自己的心灵描绘地图，按照这幅地图走向了成功。

如果你到了一处陌生的地方，却发现带错了地图，结果一定是寸步难行，感觉非常忐忑无助。同样的，如果你想要改正缺点，但着力点不对，就会白费工夫，与初衷背道而驰。或许你并不在乎，因为你奉行"只问耕耘，不问收获"的人生哲学。但问题在于如果因为地图不对而导致方向错误，那么努力便等于浪费时间。唯有方向正确，努力才有意义。也只有在这种情况下，"只问耕耘，不问收获"才有可取之处。因此，关键仍在于手上的地图是否正确。

生活中，我们在选择专业方向、工作单位、生活伴侣等的时候，都会面对这样一个问题。什么是最好的？其实，**这个世界根本就没有最好的标准。只要合适，你就找到了最好的。**

诗人道格拉斯·玛拉赫写过这样一首诗：

如果你不能成为山顶上的高松，那就当山谷里的小树吧——但要当溪边最好的小树。

如果你不能成为一棵大树,那就当一丛小灌木;如果你不能成为一丛小灌木,那就当一片小草地。

如果你不能是一只香獐,那就当一尾小鲈鱼——但要当湖里最活跃的小鲈鱼。

我们不能全是船长,所以必须有人来当水手。

这里有许多事让我们去做。有大事,有小事,但最重要的是我们身边的事。

如果你不能成为大道,那就当一条小路;如果你不能成为太阳,那就当一颗星星。

决定成败的不是你的大小——而在于做一个最好的你!

是的,如果我们不伟大,那就做一个平凡的人。但重要的是,我们要会给自己描绘适合自己的地图。

当然,我们不能一辈子就带着同一幅地图。我们应该不断地描绘它、修改它,力求准确地反映客观现实。这样,我们才不会在繁华的人世间迷路。

但是,有很多人过早地停止了描绘地图的工作。他们以为自己的心灵地图完美无缺,因此不再获取新的信息,让自己在原地踏步,不肯向前走。当发现别人的脚步追赶上自己的时候,他们开始焦虑、迷茫。殊不知,他们已经错过了修改心灵地图的最佳机会。

而那些成功人士往往能自觉地探索现实,坚持扩展、筛选他们的心灵地图。他们的精神生活也因此而丰富多彩。

所以,我们要有一幅属于自己的心灵地图,并不断地修改这幅反映现实世界的心灵地图,不断地获取世界的新信息。这样,你离成功的殿堂才会更近一步。

路是自己走的。从现在开始,让我们描绘属于自己的心灵地图吧!

自知之明让你的情商更高

人贵自知。有自知之明的人,知道自己的优点和缺点,知道自己应该做什么,不应该做什么,同时也会得出自己能做什么的结论。知道自己想要追求什么,才会变得更强大;懂得避开自己的弱点去做事情,就会减少犯错的次数。自知的同时,还可以借鉴他人的经验教训,避免自己走弯路、陷入不利的境地。

一个鸟蛋忽然从鸟窝里骨碌碌地滚了出来,跌在灌木丛下厚厚的落叶上。奇怪的是,它居然没有跌破,一切完好如初。

鸟蛋得意了,对着鸟窝大声笑着说:"哈哈,我是一个跌不破的鸟蛋!你们谁有我这样的本事,就跳下来比试比试!"窝里的鸟蛋们听了,一个个探出头来看了一眼,吓得忙缩进头说:"我们害怕,不敢跳呀。""哼!我早就料到你们没有这个胆量!"

地上的鸟蛋神气地向窝里的鸟蛋们大声嘲笑起来。

这个鸟蛋在地上滚来滚去。一会儿,鸟蛋滚到一棵小草边,碰了碰小草。小草连忙仰起身子往后让。一会儿,鸟蛋滚到一株树苗边,撞了撞树苗。树苗也仰着身子,给它让路。

鸟蛋更得意了。它认为自己力大无比、天下无敌,更加勇气十足地在山坡上滚来滚去。就在鸟蛋得意之时,它被山坡上的一块小石头挡住了去路。鸟蛋气愤地说:"你居然敢挡我的去路。"

小石头昂着头说:"一个鸟蛋也敢对我如此神气?"鸟蛋更加气愤地说:"小草和树苗都已经领教过我的厉害。别人怕你,我可不怕。"

鸟蛋为了显示它的勇气,不听小石头的警告,鼓足力气猛地一滚,向小石头冲去。只听到"啪"的一声,鸟蛋被撞得粉碎,流出一摊蛋液。

鸟蛋在一次又一次"畅通无阻"之后,沉浸于自己取得的成就,沾沾自喜,于是变得盲目自大。它没有看清自己的实力和处境,以至于敢与比自己强大百倍的石头碰撞。所以它的结局就只能是自取灭亡。

能够客观评价自己的人通常都非常了解自己的优势和劣势。因为他们时时都在审视自己。能够时时审视自己的人,一般都很少犯错,因为他们会时时考虑:**自己到底有多大力量?能干多少事?该干什么?缺点在哪里?为什么失败了或成功了?**这样做就能很快地找出自己的优点和缺点,为以后的行动打下基础。这就是自知之明。

人需要有自知之明。特别是在身处困境的时候,一个人更应该反省自身,多思考一下自己的缺点和不足。只有这样才能找到差距,才能找到奋斗的方向,迎来成功的那一天。**看清你自己是你成功的必然。**你不能因为境况的不如意而浑浑噩噩。只有正确地认识自己,评价自己,找到不足和差距,你才能不断取得进步,走出困境,走向成功。

一位叫亨利的年轻人站在河边发呆。他不知道自己是否还有活下去的必要。亨利从小在福利院长大,他身材矮小,不漂亮。所以他一直瞧不起自己,认为自己是一个既丑又笨的乡巴佬。他连最普通的工作都不敢去应聘。他没有工作，也没有家。

就在亨利于困境中徘徊的时候，与他一起在福利院长大的好朋友约翰兴冲冲地对他说："亨利，告诉你一个好消息！我刚刚从收音机里听到一则消息。拿破仑曾经丢失了一个孙子。播音员描述的相貌特征与你丝毫不差！"

"真的吗？我竟然是拿破仑的孙子？"亨利一下子精神大振。联想到拿破仑曾经以矮小的身材指挥着千军万马，用带着泥土芳香的法语发出威严的命令，他顿时感到自己矮小的身材同样充满力量，讲话时的法国口音也带着几分高贵和威严。

第二天一大早，亨利便满怀自信地来到一家大公司应聘。他竟然应聘成功了。20年后，已成为这家公司总裁的亨利，查证到自己并非拿破仑的孙子，但这早已不重要了。

人贵有自知之明，难的是真正了解自己，战胜自己，驾驭自己。自以为是的自知同真正的自知不同，自以为了解自己是大多数人容易犯的毛病，真正了解自己的只有少数人。

尼采说："聪明的人只要能认识自己，便什么也不会失去。"可是认识自己并不简单。有些人要么认为自己一无是处而自卑，要么认为自己无所不能而自负。之所以出现这种自卑或自负的极端表现，是因为对自我的认识有了偏差。只有正确认识自己，才能使自己充满自信，才能使人生的航船不迷失方向。正确认识自己，才能确定人生的奋斗目标。只有有了正确的人生目标，并满怀自信，为之奋斗终生，才能此生无憾。即使不成功，自己也会无怨无悔。

客观地评价自己，给自己一个准确的定位，清醒地认识到自己还存在哪些不足，并且在此基础上找到需要改进的地方，加强学习的力度，这样才能够真正有效地提高自己。

自知之明与自知不明虽只有一字之差,但却是两种结果。自知不明的人往往昏昏然,飘飘然,忘乎所以,看不到问题,摆不正位置,找不准人生的支点,驾驭不好命运之舟。自知之明的关键在"明"字。对自己明察秋毫,了如指掌,因而遇事能审时度势,善于趋利避害。人们在遭遇挫折的时候,不要妄自菲薄,也不要自视过高,正确地衡量自己,读懂自己,发现不足,弥补缺陷,你就能改变现状,获得成功。

自知之明,不仅是一种高尚的品德,更是一种高深的智慧。高情商的人都有自知之明。一方面,他们能看到自己的缺点;另一方面,他们会经营自己的优点。

出色源于本色

出色源于本色,自信源于实力。如果想要变得出色,那么只要把自己的本色彰显出来,我们就是优秀的人。

索菲娅·罗兰是意大利女演员。自1950年从影以来,她拍过60多部影片。她的演技炉火纯青,获得1962年度奥斯卡最佳女演员奖。但是她在没出名之前却是一个极为普通的女孩,是什么力量让她焕发光彩呢?那是因为她始终相信自己是最出色的。

她十几岁时来到罗马圆她的演员梦。她从一开始就听到了许多不利的意见。她个子太高、臀部太宽、鼻子太长、嘴太大、下巴太小,根本不具备合格电影演员的容貌。

制片商卡洛看中了她,带她去试了许多次镜头。摄影师们都抱怨无法把她拍得美艳动人。因为她的鼻子太长、臀部太"发达"。

于是,卡洛对索菲娅说,如果她真想干这一行,就得把鼻子和臀部"动一动"。她断然拒绝了卡洛的要求。她说:"我为什么非要长得和别人一样呢?我知道,鼻子是脸庞的中心,它赋予脸庞以性格。我就喜欢我的鼻子保持它的原状。至于我的臀部,那是我的一部分。我只想保持我现在的样子。"

她决心不是靠外貌而是靠自己内在的气质和精湛的演技来取胜。她努力着,奋斗着,最终用演技征服了观众。而她那些所谓的缺点反倒成了美女的标准。

索菲娅·罗兰在她的自传《索菲娅·罗兰自述:生活与爱情》中这样写道:"自我从影起,我就出于本能,知道什么样的妆容、发型和衣服最适合我。我从不模仿谁。我从不像奴隶似的跟着时尚走。我只要求看上去就像我自己,非我莫属……衣服的原理亦然。我不认为你选这个式样,只是因为伊夫·圣·罗兰或迪奥告诉你该选这个式样。如果它合身,那很好。如果还有疑问,那还是尊重自己的鉴别力,拒绝它为好……衣服方面的品位反映了一个人良好的自我洞察力,以及从新式样选出最符合个人特点的式样的能力……你唯一能依靠的真正实在的东西……就是你和你周围环境之间的关系,你对自己的估计,以及你愿意成为哪一类人。"

索菲娅·罗兰的出色源于她的本色。虽然她的本色在别人的眼里曾是缺点,但是她认为本色是最美的,无须更改。

出色源于本色,需要我们有足够的自信。自信是我们通往成功彼岸的一座桥梁。自信是一株可以结出硕果的植物。爱默生说:"自信是成功的第一秘诀,是英雄主义的本质。"我们在努力培养自己自信心的同时也不要忘记,你的自信是建立在"出色源于本色"的基础上，不然盲目的自信就变成自负了。

有一位青年毕业于哈佛大学。他没有像他的大部分同学那样，去经商发财或走向政界，而是选择在宁静的瓦尔登湖畔隐居。他在那儿搭起小木屋，开荒种地，看书写作，过着原始而简朴的生活。他在世45年。没有女人爱他，没有出版商赏识他。他只是写作、静思，直到得肺病在康科德死去。

他就是《瓦尔登湖》的作者梭罗。有一个博物馆在网上做了一份调查，你认为梭罗的一生很糟糕吗？共有467432人做了回答。其结果是：92.3%的人回答"不"；5.6%的人回答"是"；2.1%的人回答"不清楚"。

博物馆采访了一位作家。作家说："我天生喜欢写作。现在我当了作家。我非常满意。梭罗也是这样。我想他的生活不会太糟糕。"

博物馆又采访了一位商人。商人说："我从小就想做画家。可是为了挣钱，我成了一位画商。现在我天天都有一种走错路的感觉。梭罗不一样。他喜爱大自然。他义无反顾地走向了大自然。他应该是幸福的。因为他的出色就是源于本色。"

有些人有了一些成就，但他们并不快乐。因为那些成就不能给他们带来成就感。原因何在呢？是因为他们没有活出自己的本色。有些人一生看似平淡，却能够正确地认识自己。他们知道什么样的生活才是自己想要的。虽然过程艰苦，但那却是最真实的自己。

1888年，法国巴黎科学院收到的征文中有一篇被学者们一致认为是科学价值最高的论文。这篇论文附有这样一句话："说自己知道的话，干自己应干的事，做自己想做的人！"这是在妇女备受歧视和奴役的19世纪，走入巴黎科学院大门的第一位女性，也是数学史上第一位女教授——俄国女数学家索菲娅·柯瓦列夫斯卡娅的杰作。

做本色的"我",除了自我凝聚、甘于寂寞外,还需要勇气。出色源于本色。它是为智慧与才干开路的先导;是向高压与陈规挑战的利剑;是同权威和强手较量的能源。

认清自己的真面目"请尽快回答10次,我是谁?"一个看似简单的问题,让很多人陷入沉思:"我是谁?我是一个什么样的人?我应该做一个怎样的人?""认识你自己"这句古希腊时就刻在神庙上的名言,至今仍有警示意义。

随着科学技术的日益发展,我们不断地了解着未知世界,可我们对自身的探索却始终滞足不前。只有正确地认识自己,才能认识整个世界,也才能接受世间的一切。我们经常想要通过别人的评价来认识自己。可是,无论别人的推心置腹显得多么明智、多么美好,我们自己才应当是自己最好的知己。

这个世界多姿多彩。每个人都有属于自己的位置,有自己的生活方式,有自己的幸福,何必去羡慕别人? 只有安心享受自己的生活,享受自己的幸福,才是快乐之道。你不可能什么都得到,你也不可能什么都适合去做。所以,只有适合自己的才是最好的。怎么才能做到适合呢?那就需要我们认清自己的真面目。

认清自己的真面目,首先要了解自己的长处和短处,并根据自己的特长来进行自我规划,量力而行。其次要根据自己周围的环境、条件,以及自己本身的才能、素质、兴趣等确定前进方向。做到这些,你就会在某一方面有所成就。所以,每个人都应该正确认识自己的真面目,并坚信"天生我材必有用"。

一天早晨,一只山羊在栅栏外徘徊,它想吃栅栏内的白菜。但是它进不去。早晨的太阳是斜照的,因此,山羊看到自己的影子很长很长。"我如此高大,一定能吃到树上的果子。不吃这白菜又有什么关系呢?"它对自己说。

于是,它奔向很远处的一片果园。还没到达果园就已是正午,太阳照在头顶。这时,山羊的影子变成了很小的一团。"唉,我这么矮小,是吃不到树上的果子的,还是回去吃白菜吧。"它沮丧地对自己说。片刻,它又十分自信地说,"凭我这身材,钻进栅栏是没有问题的。"

于是,它往回奔跑。跑到栅栏外时,太阳已经偏西。它的影子重新变得很长很长。此时山羊很惊讶:"我为什么要回来呢?凭我这么高大的个子,吃树上的果子简直是太容易了!"山羊又返了回去。就这样,直到黑夜来临,山羊仍旧饿着肚子。

这则寓言故事看似可笑,却为我们揭示了一个深刻的道理,不能正确认识自我是很多人失败和痛苦的原因。其实,正确认识自我最重要的一点,就是要清楚自己的能力,知道自己适合做什么、不适合做什么,长处是什么、短处是什么,从而做到有自知之明,最后在社会中找到适合自己的位置。

许多人谈论某位企业家、某位世界冠军、某位电影演员时,总是赞不绝口,可是一联系到自己,便一声长叹:"我不是成才的料!"他们认为自己没有出息,不会有出人头地的机会。理由是,生来比别人笨,没有高级文凭,没有好的运气,缺乏社会关系,没有资金……其实,相对而言,人生更重要的是,认识你自己。

最优秀的人其实就是你自己

自我肯定的行为可以增加一个人选择的自由度。我们要以真诚的方式表达自己。我们在得到自尊与自重的感受的同时也能尊重别人,这才是自我肯定的真谛。在生活中,我们要学习自我肯定的行为,以便有效地处理人际关系。

拳王阿里是美国著名的男子拳击运动员。他的拳法多变,步法灵活,出拳快速有力,体力充沛,动作协调。在阿里的职业拳击生涯中,共进行了60场比赛,胜56场。其中37场将对手击倒在地,输的4场中有3场是因为点数少而负于对方。阿里之所以能取得这么优秀的成绩,得益于他的取胜之道。

在阿里小时候,家人给他买了一辆自行车。他每天都骑车出游,乐此不疲。有一天,他的自行车被偷了。沮丧之余,有一位警察提出教他拳击,并告诉阿里,每遇到一个对手,你就把他想象成偷车贼。刚开始的时候,阿里很怀疑自己的能力,感觉自己小小的年纪根本无法与对手相抗衡。但是那位警察说:"千万不要怀疑自己的能力,你是最出色的。"

此后,阿里再也没有怀疑自己的能力,因为他相信自己是最优秀的。在这样的自我暗示中,他越战越勇,直至夺得美国乃至世界的拳击冠军。

阿里有一个习惯,就是在每次比赛前他都会对着镜头喊:"不要怀疑自己的能力，我是最棒的，我是不可战胜的，我是冠军！"结果，阿里获得了意想不到的效果，几乎打遍天下无敌手。

虽然阿里曾经怀疑自己的能力，但是他战胜了自己的自卑感，肯定了自己的能力，最终成为一代拳王。

所以，我们要对自己有信心，要学会自我肯定。如果你认为自己是最优秀的，那么你就是最优秀的那个人。

自我肯定要把握一定的要领。你至少要做到如下几点：

第一，温和，但不羞怯。要想对自己有信心，就要重视自己的价值。

第二，坚持，但不顽固。坚持重要的原则，即使在家人或外人的压力之下也不退却。

第三，关怀、重视别人的权益。

第四，表达清楚。声调、姿势、态度都能配合语言，让别人或自己清楚感受到你所要表达的内容。

第五，勇敢，有自信，不会畏惧压力或嘲笑。

第六，有自我价值感。通过与人平等的交往，自己能从别人的尊重中了解自己为"人"的价值。

英国道德学家、作家、改革家塞缪尔·斯迈尔斯认为，一个人必须养成肯定事物的习惯。如果不能做到这点，即使潜在意识能产生更好的作用，也无法实现愿望。与肯定性的思考相对的，就是否定性的思考。凡事以积极的方式思考即是肯定，而以消极的方式思考则是否定。

人类的思考容易向否定的方向发展，因此肯定思考的价值愈发重要。如果经常抱着否定想法,那么必然无法期望理想人生的降临。有些嘴里硬说没有这种想法的人,事实上已经受到潜在意识的不良影响了。

有些人经常否定自己。"凡事我都做不好""人生毫无意义可言,整个世界只有黑暗""过去屡屡失败,这次也必然失败""没有人肯和我结婚""我是一个不善交际的人"……持这类想法的人往往不快乐。当我们问及这类想法因何产生时,得到的回答多半是:"这是认清事实的结果。"尤其是抑郁的人,他们会灰心地说:"我想那是出于不安与忧虑吧!我也拿自己没办法。"

换一个角度去想,现实并不如你所想象的那么糟。例如有些人会想:"我虽然一无是处,但也过得自得其乐,不是吗?"肯定自我。只有有了乐观而积极的想法,你才会找到新的人生方向和意义。

金无足赤,人无完人

平凡的你我都有缺点,在茫茫的人生路上也都会遇到这样那样的波折。这其中的道理很简单,因为"金无足赤,人无完人",所以就有了人生种种的遗憾。

自古及今,十全十美的人生是没有的。月有阴晴圆缺,天有风云雷电。花无百日红,人无一世平。况且,常青之树往往无花,艳丽之花往往无果。美人西施叹耳小,贵人昭君怨脚大。世上哪有圆月一般的美满人生!人生往往与苦难相伴,生活常常有烦恼相随。正因为这样,残缺之中才有大美,苦难之中才有甘甜。

能体味痛苦的真谛,是一种高远的境界。如生了病,能让人想开了许多，是一种收获；倒了霉，能让人交了"学费"换来明白，也是一种收获。有了这样的心态，对己对人都有好处。对己，可以不烦不躁；对人，可以互相谅解。这会大大有利于人与人之间交往的平和，促进家庭和社会的和睦和美。

当你遇到不如意时，不必怨天尤人，更不能自暴自弃。较好的做法就是安慰自己，金无足赤，人无完人。

一个商人运了一批丝绸。因为在轮船运输当中遭遇风暴，这些丝绸被染料浸染了。商人很郁闷，摆在他面前有两个状况，一是丝绸被浸染后无法按期交货，二是如何处理这些被浸染的丝绸，然而后者成了令商人非常头痛的事情。他想卖掉，却无人问津；想扔了，又觉得很可惜。正在商人发愁之际，他的助手提出了一个办法，可以把这些丝绸制成迷彩服、迷彩领带和迷彩帽子。

商人一听，立刻去做。几乎在一夜之间，他拥有了数额不菲的财富。不但没有赔钱，还赚了一大笔钱。

维纳斯雕像因其断臂而平添了一种神秘的美；比萨斜塔由于地基有缺陷而倾斜，却因此闻名于世；邮票或钞票因其印错而成为收藏者的抢手货；铅、锡熔点低，不能做导线，但因此能做保险丝。缺陷是人的有机组成部分。人能否成功，要看我们是否有能力把劣势转化为优势。

一位名叫阿费烈德的外科医生在解剖尸体时发现，那些患病的器官在与疾病的抗争中，为了抵御病变，它们往往要比正常的器官机能更强。这就是"代偿功能"。比如说，视力不好的人，耳朵却特别灵敏。他在给美术学院的学生治病时发现，那些学生的视力都低于常人，有的甚至是色盲。他通过调查发现，一些颇有成就的艺术院校教授之所以走上艺术道路，是因为生理缺陷的影响。因此，他得出了这样的结论，一个人成就的大小，往往取决于他所遇到的困难的多少。

有些人认为自己是有缺陷的，所以常常自暴自弃，最终一事无成。有些人却没有把自己的缺陷视为人生道路上的障碍，而是从缺陷中获得无可比拟的力量，充分发挥自己的优势，甚至巧妙利用其缺陷以获得成功。

世界上没有完美的事、完美的人。让我们在不完美中寻找完美，从而实现自己的价值吧！

优点是靠自己发现的

我们每个人都不会是一无是处的。人人都潜藏着独特的天赋，这种天赋就像金矿一样埋藏在看似平淡无奇的生命中。那些总是羡慕别人，认为自己一无是处的人，是挖掘不到自身的金矿的。

在人生的坐标系中，一个人如果站错了位置——用他自己的短处而不是长处来谋生的话，那将是非常可怕的。他可能会在自卑和失意中沉沦。人们只有紧紧抓住自己的优点，并且加以利用，才有可能成功。

每个人都有自己的特长和优势，要学会欣赏自己、珍爱自己，为自己骄傲。没有必要因别人的出色而看轻自己。也许，在你羡慕别人的同时，自己也正被他人羡慕着。

森林里有一群动物坐在草地上聊天。

狗熊挪了一下笨拙的身子,说:"说实在的,我真羡慕小兔子,那么灵活,跑起来像一阵风!"

小兔子不好意思地说:"我真羡慕小刺猬,长着一身刺,谁也不敢欺负它。"

小刺猬没想到小兔子会称赞它,高兴地说:"我真羡慕长颈鹿。它能站得那么高,看得那么远。我可不行。"

长颈鹿说:"我真羡慕小猴子。它既能爬得像我一样高,也能到地面上喝水、采草莓。我可办不到。"

小猴子抓抓后脑勺说:"我真羡慕梅花鹿。它能在草地上跑得飞快。我不行。"

梅花鹿的胆子很小,听到这话脸都羞红了。它说:"我真羡慕狗熊。它胆子大,力气也大。碰到小树、枯枝挡路,它一巴掌就能把它们劈倒。"

狗熊听了这话笑了,说:"看来,生活不是十全十美的。我们都爱羡慕别人,同时我们也有被别人羡慕的地方。所以我们应该珍爱自己,为自己自豪……"

每个动物身上都有优点与缺点。在羡慕别人优点的同时,它们却忽略了自身的优点。其实人也一样。有些人对自己的缺点耿耿于怀,却看不到自己身上的优点。一片树叶总有一滴露水滋养,人人都会有属于自己的一片天地。我们在拥有自己长处的同时,总会在某些方面不如别人。一个人活在世上,受各种因素影响,往往会存在这样或那样的不足。如果一个人因此而失去自己的人生定位及目标,那么无疑是可悲的。

有一天，大仲马得知自己的儿子小仲马寄出的稿子总是碰壁，就告诉小仲马："如果你能在寄稿时，随稿给编辑先生附上一封短信，说'我是大仲马的儿子'，或许情况就会好多了。"小仲马断然拒绝了父亲的建议。

小仲马给自己取了十几个其他姓氏的笔名，以避免那些编辑们把他和大名鼎鼎的父亲联系起来。面对那些冷酷无情的退稿笺，小仲马没有沮丧，仍然坚持创作自己的作品。因为他相信自己是有这方面的专长的。他热爱写作，并坚信自己一定能成功。

他的长篇小说《茶花女》寄出后，终于震撼了一位资深编辑。这位知名编辑曾和大仲马有着多年的书信来往。他看到寄稿人的地址同大仲马的丝毫不差，便怀疑是大仲马的作品。他迫不及待地乘车造访大仲马家。令他大吃一惊的是，《茶花女》这部伟大作品的作者竟是大仲马那名不见经传的年轻儿子小仲马。

小仲马的成功是因为他知道自己的优点，并充分利用自己的写作优势不断奋斗，最终获得了肯定。所以，一定要记得我们不会"一无是处"。人人都有闪光点，千万不要只关注自己的缺点。

有一个叫爱丽莎的美丽女孩，总觉得自己没有人喜欢，担心自己嫁不出去。

一个周末的上午，这位姑娘去找一位有名的心理学家。心理学家请爱丽莎坐下，跟她谈话，最后他对爱丽莎说："爱丽莎，我有办法了，你得按我说的去做。"他让爱丽莎去买一套新衣服，再去修整一下自己的头发，打扮得漂漂亮亮的。他告诉她星期一他家有一个晚会，邀请她来参加。

星期一这天晚上，爱丽莎着装合体、发式得体地来到晚会上。

她按照心理学家的吩咐，一会儿和客人打招呼，一会儿帮客人端饮料。她在客人间穿梭不停，来回奔走，始终在帮助别人，完全忘记了自己。她眼神活泼，笑容可掬，成了晚会上的一道风景线。晚会结束后，有三位男士自告奋勇要送她回家。

在随后的日子里，这三位男士热烈地追求着爱丽莎。她终于选中了其中的一位，让他给自己戴上了订婚戒指。不久，在婚礼上，有人对这位心理学家说："你创造了奇迹。""不，"心理学家说，"是她自己为自己创造了奇迹。人不能总想着自己，怜惜自己，而应该想着别人，体恤别人。爱丽莎懂得了这个道理，所以变了。所有人都能拥有这个'奇迹'。只要你想，你就能让自己变得美丽。"

爱丽莎获得幸福是因为她发现自己原来也是一朵有魅力的玫瑰。每个人身上都有别人所没有的东西，都有比别人做得好的事情。这就是属于你的特长，是你身上值得肯定的地方。不要拿别人的长处来和自己的短处相比。否则会掩盖掉你身上闪光的亮点，压抑你向上发展的自信。要充分肯定自己的长处。

1972年，新加坡旅游局给时任总理李光耀提交了一份报告，大意是说："新加坡不像埃及有金字塔，不像中国有长城，不像日本有富士山。我们除了一年四季直射的阳光，什么名胜古迹都没有。要发展旅游业，实在是巧妇难为无米之炊。"

李光耀看了报告，非常气愤。他在报告上批了一行字："你还想要多少东西？有阳光就够了！"

后来，新加坡利用那一年四季直射的阳光种花植草，在很短的时间里发展成世界上著名的"花园城市"。连续多年，新加坡旅游收入位居亚洲前列。

爱迪生说:"使自己的强项得到巧妙发挥,因而终能克服障碍,达到所期望的目的。"一个人的性格天生内向,不善于表达,你却要他去学习演讲,这不仅是勉为其难,而且浪费了他的时间和精力。一个人天生有心脏病,你却要他去练习长跑,这不是要他的命吗?

自然界有一种补偿原则,当你在某一个方面很有优势时,肯定在另一个方面有劣势。而当你在某一个方面有缺点时,可能在另一个方面拥有优点。如果你想出类拔萃,就必须腾出时间和精力来把自己的强项磨砺得更加锋利。

高情商的人在漫漫的人生旅途中,能找到自己的强项与优势,他们因此也就找到了通往成功的大门。如果你是鱼,就游向大海,在茫茫的大海里尽情畅游;如果你是鹰,就飞向蓝天,在广阔的天空里自由翱翔。

你是独一无二的

有的人总觉得自己不重要,少个我和多个我没什么区别。作为独一无二的我们真的不重要吗?对于你的父母来讲,你是他们爱情的结晶和今后的希望;对于你的妻子来讲,不论别人多么优秀,你依然是她每天心里挂念的人;对于你的儿女来讲,你就是他们可以仰仗的大树;对于你的好朋友来讲,你就是他们一生中不可缺少的知己……难道这样的"我"不重要吗?当然不是!"我"很重要,因为"我"就是独一无二的。

世界上没有两个完全相同的人,正如世界上没有两片完全相同的树叶。天生我材必有用,每个人都有自己的特点和长处,每个人都有尚未被发掘出来的潜力和特质。如果能用自信的态度努力发现和发挥这些潜能，每个人都可以取得成功。

你所能做的事，别人不一定做得来。而且，你之所以是你，必定是有一些相当特殊的地方。这些特质是别人无法模仿的。所以，你要相信自己。每个人都有与众不同的特质。每个人都会以自己独特的方式与别人互动，进而感动别人。

诺贝尔物理学奖获得者杰拉德·特·胡夫特8岁时，一位老师问他："你长大之后想成为怎样的人？"胡夫特回答："我想成为一个无所不知的人，想探索自然界所有的奥秘。"胡夫特的父亲是一位工程师，因此想让胡夫特也成为一名工程师。但是他没有听从父亲的意见。"因为我的父亲关注的是别人已经发明的东西。而我很想有自己的发现，做出自己的发明。因为我相信自己是独一无二的，而且我会成功。"正是有着这样的渴求，当其他孩子正在玩耍或者在电视机前虚度时光的时候，小小的胡夫特却在刻苦读书。"我对于一知半解从来不满足，我想知道事物的所有真相。"他很认真地说。

胡夫特告诫我们要保持自我，做独一无二的自我。只有这样，你才能知道要走什么样的道路。在现实生活中，我们可以成为科学家，可以去做医生，但是一定要做独一无二的人，一味地模仿他人只会葬送自己。

世界上没有完全相同的两个人，这就是人类能够取得各种各样的成就的原因。所以没有必要强迫一个人去做他不感兴趣的工作。你不能过于注重结果，你不要期望一定能取得什么样的成就。让自己前行的道路能够顺应自己固有的特质延伸，对于一个人成长为成功人士，可谓是至关重要。

农夫家养了3只小白羊和1只小黑羊。3只小白羊因为有雪白的皮毛而骄傲，而对那只小黑羊不屑一顾。

不但小白羊瞧不起小黑羊，连农夫也是如此。他常常给它吃最差的草料，时不时还对它抽上几鞭。小黑羊也觉得自己比不上那3只小白羊，常常独自流泪。

初春的一天，小白羊和小黑羊一起外出吃草。不料寒流突然袭来，下起了鹅毛大雪。它们躲在灌木丛中相互依偎着……不一会儿，灌木丛和周围全铺满了雪。它们打算回家，然而雪太厚了，无法行走。它们只好挤做一团，等待农夫来救它们。

农夫发现4只羊羔不在羊圈里，立刻上山去找。可是四处一片雪白，哪里有羊羔的影子。农夫突然发现远处有一个小黑点，便快步跑过去。到那里一看，发现了濒临死亡的4只羊羔。

农夫抱起小黑羊，感慨地说："多亏小黑羊。不然，羊羔可能要冻死在雪地里了！"

由于小黑羊的黑色皮毛，农夫才在一片雪白中发现了它们。它们才不会被冻死在雪地里。其实人也一样，人们的不足与缺陷往往更能彰显出自己的独特。比如有些人，在智商方面可能并没有什么超常的地方，但总有某个特质是超出常人的。这种时候，只有使这些能让自己成就大事的特质得到充分的发挥，人才有可能成长并且走向成功的道路。

如果想要活得独一无二就要正确地认识自己。回答下面的测试题，看看你是否能够正确地认识自己吧！（每题都回答"是"或"否"）

（1）做事不能坚持到底。

（2）经常心神不宁和焦躁不安。

（3）不爱脚踏实地地工作，成天无所事事，而且爱发脾气。

（4）经常头脑发热，有盲从心理，譬如对于炒股票、买期货等，不了解也会购买。

（5）好高骛远，不切实际，经常跳槽换工作。

（6）遇到事情爱急躁，不能控制情绪。

（7）把恋爱当成好玩的游戏，寻找异样的刺激，打发自己的空虚和无聊。

（8）求职时往往想着大城市、大企业、大单位，向往高收入、高地位，不能正确评估自己的分量，结果处处碰壁。

（9）总是渴望和力求结识比自己优越的人，而对不如自己的人则爱搭不理，希望从交往对象那里获得好处。

如果你对上述9个问题当中有6个问题回答"是"，那么你是一个比较浮躁的人，总是认不清自己。而如果你有7个以上答案是"否"，那么你不但沉稳，而且对自己的认识也是比较透彻的。

从现在开始，喜欢你自己，愉快地接纳你自己。要知道，我们每个人都是一个独特的个体，在这个世界上是独一无二的。每个人都有属于自己的位置。一个人只有全面地接受自己，才能走出自卑、自责的心灵沼泽，活出精彩的自己。

了解自己的不足

正视自己的缺点，才能真正地认识自己。人不可能没有弱点。伟大的人善于放大优点，缩小缺点。失败的人往往因为放大自身的弱点而败了一生。我们什么时候能够看清自己不如人的地方，就什么时候对生命真正有信心。

有一位教授带着孩子去一个卖面的小摊吃面。这个小摊的生意非常好，原因是卖面的小贩有一手好功夫。只见卖面的小贩把面放进烫面用的竹捞子里，一把塞一个，很快就塞了十几把。然后他把叠成长串的竹捞子放进锅里烫。接着他将十几个碗一字排开，放盐、味精等，随后捞面、加汤，做好十几碗面的过程不到5分钟，而且还边煮面边与顾客聊着天。教授和孩子看呆了。

当他们从面摊离开时，孩子抬起头来说："爸爸，我猜如果你和卖面的小贩比赛卖面，你一定输！"对于孩子的话，教授莞尔一笑，坦然承认自己一定会输给卖面的人。教授说："不只会输，而且会输得很惨。我在这世界上是会输给很多人的。"

没有一个人是完美无瑕的，难道有缺点和不足就注定要悲哀，要默默无闻，无法成就大事吗？只要你把"缺陷、不足"这块堵在心口上的石头放下来，别过分地去关注它，它也自然不会成为你的障碍。假如能善于利用你那已无法改变的缺陷、不足，那么，你仍然是一个有价值的人。

亨利3岁时被高压电流击伤，因双臂坏死而截肢。在这之后，父母将他送到附近的一所残疾人福利院。他在那里住了16年。亨利很爱学习，开始学着用嘴叼着笔写字。由于离纸太近眼睛疼痛，于是他改用脚写字。就这样，他在福利院上完了中学。

回到故乡后亨利开始边工作边学习。他在一个师范学院学习文学专业。他并不是想当老师，只是想完善自己。他和其他普通大学生们一样要做作业，通过各门测验和考试。亨利通过训练能够自己照顾自己的生活，还能够处理一些简单的家务。

后来，亨利成了家。他的妻子琼斯说："亨利很聪明，要是有什么事情做不了，他就会琢磨该怎么办。他是一个优秀的绘图员。他会修各种电器，搞得懂所有的电路。他总是一刻不停地干这干那。他还改过裙子，又是量，又是画线，又是剪，最后用缝纫机做好。在家乡，他挺知名的。他一天到晚总是吹着口哨或哼着歌，是一个无忧无虑的快乐人。"

亨利喜欢唱歌，参加过巡回演出团。他常常到福利院去义演。他和他16岁的儿子一起录制磁带送给朋友们。他靠600美元的退休金和妻子微薄的工资度日，生活过得十分清苦。但是，对于他来说，他是幸福的。

亨利知道自己的缺陷，但他没有自卑，而是努力做了正常人都无法去做的事情。很多年轻人喜欢追求完美，喜欢在一种完美的思绪里畅想自己的未来。然而在生活中，又有多少事物能像电视剧中那么完美呢？人没有完美的，总会有这样或那样的缺点。重要的是，我们如何把不足与缺陷化为动力，去完成自己的梦想。

我们每个人的先天条件都有优势和劣势，于是世界上出现了三种人，第一种人，看不到自己的优势，无法取得成功；第二种人，整天沉浸在优越感之中，不去积极行动；第三种人，从来不会只盯着自己的劣势抱怨，他们会用正面的、积极的眼光看世界，因为他们知道，当自己在抱怨鞋子不合脚的时候，很多人还光着脚呢。

我们每个人都应该知道一件事，这个世界上没有十全十美的人。我们自己和我们的同事、朋友，以及长辈、上司都只是普普通通的凡人，身上有缺点、会犯错误或是对问题束手无策，都是在所难免的。这一认识有助于指导我们正确地看待自己的缺点与劣势，并接纳不完美的自己。唯有真心诚意地接纳自己的人，才能正确对待自己的缺点，才能克服外界的阻力取得成功。

在离戴尔家不远的地方，是一片未被开发的原始森林。戴尔常带着小猎犬雷克斯到森林里散步。由于很少碰见其他的人，戴尔也就没有给小狗使用皮带或口罩，而是让小狗自由奔跑。

一天，戴尔和他的狗在公园内碰见一位骑警。那位骑警显然很想显示一下自己的权威。

"为什么让这只狗到处乱跑？为什么不用皮带或口罩？你知道这是犯法的吗？"他指责道。"是的，我知道。"戴尔温和地回答，"我以为在这种荒无人烟的地方，不会有什么危险。""法律可一点也不在意你怎么以为。这只狗很可能会咬伤小孩或松鼠，知道吗？我这次不处罚你，下次如果让我看到了，一定罚你。"

一天下午，戴尔又带了雷克斯到公园里去，还是没给狗戴上皮带或口罩。忽然，他又见到那位骑警。戴尔被逮个正着。不等骑警开口，戴尔便真诚地说："警官先生，我是被你逮个正着，罪证俱在。我接受你的处罚。""是啊，我是这么讲过。"骑警的语气相当温和。戴尔说："我违反了法律的规定。"骑警说："啊，一只这么小的狗，应该不会伤到什么人。""但它可能会咬伤小松鼠。"戴尔说道。"啊，别把事情看得太严重了。"骑警告诉戴尔，"我告诉你怎么办。把这只小狗带到我看不见的地方去。"

本来应该被罚款的戴尔，由于主动说出自己的错误，反而得到了骑警的谅解。遇事即刻承认错误，毫不掩饰，也毫不退缩。很多事情就能在彼此立场对换的情况下，完满解决。当一个人将自己的缺点或不足坦然地呈现在自己与他人面前时，其结果也许不会像他预先设想得那么糟。人们不但不会看不起他，反而会感受到他的真诚。如果逃避缺点，缺点就会不断变大，以至于使我们在人生的重大问题的抉择上犯下错误。

至此，我们可以发现这样一个哲理，"认识自己"是人们智慧的表现，"了解自己"是人生成功的敲门砖，"坦然面对自己的缺点，并接纳不完美的自己"则是我们走向成功的重要保障。

你的天性不可复制

天性不同于人格，但天性可以说是人格的一部分。有学者认为，人的天性是与生俱来的，不会轻易改变。而人格则包括了天性和经验两部分。所以，"天性"和"人格"在某种程度上是一致的。但随着人逐渐长大，与周围的环境和人物之间的互动渐渐多了，他的经验也就会随之改变、日渐成熟。但是，天性是不会改变的，只是在某些社会期望下做了一些修饰。也就是说，天性是不可复制的，是独一无二的。

一只老鼠掉进了一只桶里，怎么也出不来。老鼠吱吱地叫着，它发出了哀鸣，可是谁也听不见。可怜的老鼠心想，这只桶大概就是自己的坟墓了。正在这时，一只大象经过桶边，用鼻子把老鼠救了出来。老鼠感激地说："谢谢你，大象。你救了我的命，我希望能报答你。"大象笑着说："你准备怎么报答我呢？你不过是一只小小的老鼠而已。"

有一天晚上，大象不幸被猎人捉住了。猎人用绳子把大象捆了起来，准备等天亮后运走。大象伤心地躺在地上，无论它怎么挣扎，都无法把绳子扯断。

突然，老鼠出现了。它开始啃咬绳子，终于在天亮前咬断了绳子，替大象松了绑。

大象感激地说："谢谢你救了我的性命！你真的很强大！"

"不，其实我只是一只小小的老鼠。"小老鼠回答。

每个生命都有自己独特的天性，即使一只小小的老鼠，也有胜过比自己体型大很多的大象的一面。

一个懂得生活的人应当根据自己的天性，选择适合自己的生活方式，做自己爱做的事，做自己适合的事，这样才能够体会到生活的乐趣。生活，只有适合自己，适合自己的天性，有自己喜欢的内容，才是最好的生活。这个世界上没有人是完美的，每个人都会有自己的缺陷。然而有的人活得开心，有的人总是生活在痛苦之中。其原因就在于开心的人拥有自己喜欢的生活，而痛苦的人，他们或许贫穷，或许富裕，但他们都没有过上自己真正喜欢的生活，他们痛苦的原因就在于他们没有发掘自己的天性。

"你的天性不可复制",这句话包含着深刻的道理。一个人如果丢失了天性,便没有了存在的意义。一个成功的人,必定是一个善于利用自己天性的人。当一个人懂得珍惜自己的价值,明白自己来到人世的使命时,他的心中必定会充满自信。

天性是不可复制的。你无须按照他人的眼光和标准来评判甚至约束自己,也无须总是效仿他人,要相信自己,保持自我的天性。

对于天性,如果我们可以扬长避短,就可以找到自己性格中最强的"音符",发挥性格中最优秀的一面。所以,我们应该努力根据自己的天性来做好人生规划,量力而行。根据自己的条件、才能、素质、兴趣等,确定前进方向。要知道,做一个杰出的人不仅要善于观察世界、观察事物,也要善于观察自己,了解自己的性格。

活出真实的自己

世界并不完美,人生当有不足。对于每个人来讲,不完美是客观存在的,无须怨天尤人。智者再优秀也有缺点,愚者再愚蠢也有优点。对人对己多做正面评价,不要用放大镜去看缺点,才能活出真实的自己。

人活在世上,主要目的就是幸福。幸福是源自内心深处的平和与协调。无论一个人幸福与否,过得好与不好,最终都得回归自我,都得听从心灵的声音。只要你觉得自己是幸福的,你就是幸福的。反之,如果自己感觉不幸福,无论在别人的眼里如何风光,你的心里仍然只会充满寂寞和怅惘。无论幸福与否,都要活出真实的自己,无须在意别人的看法,要回归自我本色。

爱丽从小就特别敏感而腼腆。她的身体一直都很胖，而她的脸使她看起来比实际还胖得多。爱丽有一个很古板的母亲。

母亲认为穿漂亮衣服是一件很愚蠢的事情，她总是对爱丽说："宽衣好穿，窄衣易破。"母亲总是按照这句话来帮爱丽选衣服，让爱丽看上去更胖了。因此，爱丽从来不和其他的孩子一起做室外活动，甚至不上体育课。她非常自卑，觉得自己和其他的人都"不一样"，完全不讨人喜欢。

长大之后，爱丽嫁给了一个比她大好几岁的男人，可是她并没有改变。她丈夫一家人都很好，每个人都充满了自信。爱丽尽最大的努力想要像他们一样，可是她做不到。他们为了使爱丽开朗而做的每一件事情，都只是令她更退缩到她的壳里去。

爱丽认为自己是一个失败的人，又怕她的丈夫会发现这一点，所以每次他们出现在公共场合的时候，她都会刻意去模仿别人看似优雅的服饰、动作或表情。她假装很开心。事后，爱丽总会为自己的行为难过好几天。

爱丽很困惑，不知道怎么办才好。这天，她来到公园，她再也忍不住放声大哭起来。这时，来了一个老婆婆。爱丽把她的遭遇告诉了老婆婆。老婆婆对她说："其实你没有必要这么痛苦。每个人的身上都有优点，这是其他人无法替代的。不管事情怎么样，保持你的本色，这样你才会快乐。"

"保持本色！"就是这句话！在一刹那之间，爱丽才发现自己之所以那么苦恼，就是因为她一直在强迫自己适合于一个并不适合自己的模式。

几年后，爱丽像换了一个人一样。她有了很多朋友。自己也变得很有气质，家庭也因为她的改变而随之幸福。

爱丽之所以痛苦，是因为她把真实的自己隐藏起来了。她认为那是糟糕的自己。所以，她学习别人的优点，但到头来还是一样的痛苦。可一旦她走出了这个怪圈，找到了真实的自己，保持本色地去生活，幸福就降临到她的身上。

作为社会中的一员，角色的扮演是我们生活中必须要做的事。许多人面临角色选择的时候往往会显得无所适从。他们可能像故事中的爱丽一样，一味地模仿别人，结果只能以失去自我为代价。在纷繁复杂的现代生活中，摆脱内心的纷扰，活出真实的自己不是一件容易的事。

每个人都有属于自己的角色和人生。只有当你选择好自己的角色时，你才会拥有一个快乐的人生。如果你想让自己拥有快乐、幸福的人生，就要找到自己的角色。

Part 3
所谓情商高,就是说话让人舒服

不把话说绝，平和解决矛盾

发生矛盾后，双方肯定谁心里都不痛快，很容易失态，甚至口出恶言，把话说绝了。一时把话说绝了，痛快也只能是一时的，而受伤害的是双方长远的关系和自己的声誉。所以，即使有了再大的矛盾，我们也应该把握住一点，就是不把话说绝，给对方，也给自己一个台阶下。

一位顾客在商场买了一件外衣之后，找售货员要求退货。衣服她已经穿过一次并且洗过，可她坚持说"绝对没穿过"。

售货员检查了外衣，发现有明显的干洗痕迹。但是，直截了当地向顾客说明这一点，顾客是绝不会轻易承认的，因为她已经说过"绝对没穿过"，而且精心地伪装过。于是，售货员说："我很想知道，您的某位家人是否把这件衣服错送到干洗店去洗过。不久前我也发生过这样的事情。我把一件刚买的衣服和其他衣服堆在一块儿，结果我丈夫没注意，把这件新衣服和一堆脏衣服一股脑地塞进了洗衣机。我觉得可能您也会遇到这种事情，因为这件衣服的确看得出被洗过的痕迹。不信的话，可以跟其他衣服比一比。"

顾客看了看对比情况，知道无可辩驳，而售货员又为她的错误准备了借口，给了她一个台阶。于是，她顺水推舟，乖乖地收起衣服走了。

售货员如果直白地揭穿顾客，再强硬地驳回对方的要求，等于在大庭广众之下把话说绝了，换来的只会是一场尴尬和不欢而散。人们普遍存在着吃软不吃硬的心态。特别是性格刚烈的人，如果你说话硬，他可能比你更硬；你如果来软的，他倒会于心不忍，也就有话好好说了。

　　有的人会说，发生这种矛盾，我都打算和他绝交了，把话说绝了又怎么样？真是这样吗？要知道，暂时吵架并不等于绝交。

　　友好分手还会为日后可能出现的和好留有余地。有时朋友之间绝交并非彼此感情的彻底消失，而是因一时误会造成的。如果大家采取友好分手的方式，不把话说绝，那么有朝一日误会解除了，很可能和好如初，使友谊的种子重新开放出绚丽的花朵。

　　17世纪初，丹麦天文学家第谷·布拉赫和德国天文学家约翰尼斯·开普勒共同研究天文学，两个人建立了亲密的友谊。后来，开普勒误听妻子的挑唆，丢下研究课题，离开了布拉赫。然而布拉赫并没有因此指责开普勒，还宽大为怀，写信解释。不久，开普勒明白自己误听谗言，十分惭愧，写信向布拉赫道歉，并回到已病重的布拉赫身边。布拉赫的观测资料经开普勒整理为《鲁道夫星表》，他们的名字得以载入科学史册。

　　从这个事例可以看出，他们之所以能恢复友谊并共同做出成就，与当时采取友好分手的方式有直接关系。所以说，不把话说绝实在是一种交际美德，值得提倡。有的人不明白这个道理，他们一和别人发生矛盾就取下策而用之，与人反目为仇，甚至谩骂指责，把话说得很绝，以解心头之恨。这样做痛快倒也痛快，但他们没想到，在把别人骂得体无完肤的同时，也暴露了自己人格上的缺陷。人们会从这样的情景中看到，他对朋友居然如此刻薄，如此不留情面，如此翻脸不认人。把话说绝得不偿失，所以在与人发生矛盾时，要友好地解决问题。

好事多磨，遭到拒绝后坚持言语和气

当我们遇事需要与别人交谈时，总是希望能得到肯定回答。但正如俗话所说"好事多磨"，开始时往往被人拒绝。

被拒绝了，心里肯定不好受，那该怎样回应呢？有的人气盛，一句话就给人家顶回去了，搞得不欢而散。有的人虽然心里不快，却还能冷静下来，用平和的语气来晓之以理。显然后者是讨人喜欢的，能让对方也冷静地予以思考并认为你很有涵养，转机说不定就会在此发生。

胡洛克是著名的音乐经理人，在较长时间内和夏里亚宾、邓肯、帕甫洛娃等知名艺术家打交道。胡洛克讲，通过与这些明星打交道，他领悟到了一点，必须对他们的荒谬念头表示赞同。他给著名男低音歌唱家夏里亚宾当了三年的音乐经纪人，而夏里亚宾是个令人难堪的人。比如，轮到他演出的那一天，胡洛克给他打电话，他却说："我感觉非常不舒服，今天不能演唱。"胡洛克和他争吵了吗？没有。他知道，音乐经纪人是不能和歌手争吵的。他马上去夏里亚宾的住处，压住怒火对他表示慰问。

"真可惜，"他说，"你今天看来真的不能再演唱了，我这就吩咐工作人员取消这场演出。这样你要损失2000美元左右，但这对你能有什么影响呢?"

夏里亚宾吁了一口长气说:"你能否过一会儿再来?傍晚5点钟来,我再看感觉怎样。"傍晚5点钟,胡洛克来到夏里亚宾的住处。他再次表示了自己的同情和惋惜,也再次建议取消演出。但夏里亚宾却说:"请你晚些时候再来,到那时我可能会觉得好一点儿。"

晚上8点30分,夏里亚宾同意上台演唱,但有一个条件,就是要胡洛克在演出之前宣布夏里亚宾患感冒、嗓子不好。胡洛克说一定照此去办,因为他知道这是促使夏里亚宾登台演出的最好办法。

遭到拒绝是令人沮丧的事情,但即使再沮丧,也要坚持说话和气。因为一时的拒绝并不等于永远拒绝,甚至有可能是对方的一个铺垫。你如果因此口出恶言,就彻底断绝了回旋的余地,而坚持言语和气,还能为今后合作埋下一个好的伏笔。

淡化感情色彩,委婉地表达你的不满

在公众活动中,每个人都可能遇到让人尴尬而不满的情况。在这种情况下,生硬地表达不满是不妥的,应该淡化感情色彩。

有一次,由爱因斯坦证婚的一对年轻夫妇带着小儿子来看他。孩子刚看到爱因斯坦就号啕大哭起来,弄得这对夫妇很尴尬,爱因斯坦脸上也有些挂不住,但幽默的爱因斯坦却摸着孩子的头高兴地说:"你是第一个肯当面说出对我的印象的人。"这句妙答给了这对夫妇一个情面,活跃了气氛,融洽了关系,当然也含蓄地表达了爱因斯坦的不满。

在上例中，爱因斯坦向我们显示了他在交际中的机智，面对孩子大哭给自己和年轻夫妇带来的尴尬，他采用了自嘲的方式来帮助对方化解尴尬并表现自己的不满。然后放低姿态，凭借"慈祥"的语气表示自己对此态度的认同，淡化了感情色彩。

英国前首相撒切尔夫人在一次出访澳大利亚时参观墨尔本市，突然遭到爱尔兰共和军支持者的围攻。在示威者的一片谩骂声中，撒切尔夫人在澳大利亚警方的保护下仓促离去。即便对一个老资格的政治家来说，这也是一件很尴尬的事情，而对东道主澳大利亚来说，也是大丢脸面的。在当晚的宴会上，撒切尔夫人在宾客好奇的期待和主人难免的困窘尴尬中，轻松地评论说："墨尔本是一个美丽而吵闹的城市。"哄然大笑之后，听众热烈鼓掌，大家为撒切尔夫人巧妙淡化、摆脱尴尬的技巧所叹服。她把一场激烈的政治性示威淡化为城市由于人口高度密集而难免的喧嚣吵闹，使自己的不满在双方的笑声中表现了出来。

丘吉尔在他执政的最后一年，出席一个政府举办的仪式。在他身后不远的地方有几个绅士窃窃私语："你看，那不是丘吉尔吗？""人家说他现在已经变得老态龙钟了。""还有人说他就要下台了，要把他的位子让给精力更充沛更有能力的人了。"当仪式结束的时候，丘吉尔转过头来，对这几个绅士煞有介事地说："唉，先生们，我还听说他的耳朵近来也不好用了。"丘吉尔知道，自尊自爱就要以适当的方式来表达自己的思想感情，他在这里的幽默一语，既淡化了感情色彩，给自己解了围，表达了不满，又使那些绅士自讨没趣。

美国前总统威尔逊在一次竞选演讲中，遭到一个捣乱分子的挑衅。当时演讲正在进行，捣乱分子突然高声喊叫："狗屁！垃圾！臭大粪！"这个人的意思很明显，是骂威尔逊的演讲臭不可闻，不值得一听。威尔逊对此感到非常生气，但只是报以微微一笑，安慰他说："这位先生，我马上就要谈到你提出的环境脏乱差的问题了。"说完这句话，听众中爆发出掌声、笑声，为威尔逊的机智幽默喝彩。

社交场合碰到别人的不恭言行，还真不能发作，但憋在心里也不好受。海明威说："告诉他你不高兴，但在话语中别出现'不高兴'这个词。"把表示不满的语言的感情色彩淡化一下，让对方知道你不高兴，又不至于破坏友好气氛，是个不错的方式。

批评之后给对方铺退路

有一位老师遇到过这样一件事：下课了，有个学生向老师反映，昨天她爸爸作为生日礼物送给她的一支黑色派克钢笔不见了。老师观察了一下全班同学的表情，发现坐在该女生旁边的那个学生神情惊慌，面色苍白。钢笔可能是她拿的。当面指出吧，苦于没有充分的证据；搜身吧，既不近情理，又违反法律。这位高情商的老师想了想，说："别着急，肯定是哪个同学拿错了。只要等会儿她发现了，一定会还给你的。"说完，老师看了看那个学生。果然，下课以后，那个拿了钢笔的同学趁旁人不在的时候，把钢笔偷偷放回了女同学的笔盒。

这个故事告诉我们，他人犯错误，我们批评时要抱着一种理解的态度，不要一棒打死，要在批评之后给对方铺退路。因为每个人都有这样那样的弱点，完美的人只有在童话或神话中才存在。现实生活中的人都是凡夫俗子，或多或少地都会犯错误。

假如老师直接把自己的怀疑说出来，并严厉批评偷笔的同学，把话说绝，把退路都堵死了，难免会使一时犯错的同学受到伤害，甚至会因使对方难堪而导致更糟糕的状况。相反，这位老师用暗示的方法给犯错的同学留下了弥补错误的机会。在人际交往中，我们不应该对犯错的人予以"不可辩驳的宣判"，而是应该给他们改正错误的机会。

有时候为了给犯错的人铺一条退路，还可以假定双方在开始时没有掌握全部事实。例如，你可以这样说："当然，我完全理解你为什么会这样想，因为你那时不知道实情。"在这种情况下，任何人都会这样做。"最初，我也是这样想的，但后来当我了解到全部情况时，我就知道自己错了。"高情商的人在说话时都懂得不撕破脸，在对方没有退路时给对方铺退路。这样对方会自知理亏，而早早收场，不再纠缠。从另一个角度来说，人与人之间的个人感情是不能回避的。比如对一些影响不大，又不属于原则性的错误，进行了批评，达到了批评的目的，就可不再声张。有时也可直接告诉被批评者，某件事到此为止，不会再告知他人。这都可使对方得到尊严上的安全感，产生情感约束力。

对"不争气"者多激励,少责骂

作为父母、老师、上司,经常会碰到"不争气"的孩子、学生和下属。这时应该怎么办,横眉怒对吗?这只会增加对方的叛逆心理。一种比较好的办法是告诉对方,你很优秀,但需要努力证明自己的优秀。人们多数时候需要的是激励,而不是责骂。

纽约布鲁克林的一位四年级老师鲁丝·霍普斯金太太,在新学期开学的第一天,看过班上的学生名册时,她对本该兴奋和快乐的新学期却心怀忧虑——今年,在她班上有一个全校最顽皮的"坏孩子"——汤姆。他不只是搞恶作剧,还跟男生打架、逗女生、对老师无礼、在班上扰乱秩序,而且好像是愈来愈糟。他唯一的优点是,他很快就能学会学校的功课。

霍普斯金太太决定立刻面对汤姆的问题。当她见到她的新学生时,她讲了一些话:"罗丝,你穿的衣服很漂亮。""爱丽西娅,我听说你画画很不错。"当她念到汤姆的名字时,她直视着汤姆,对他说:"汤姆,我听说你是个天生的领导人才,今年我要靠你帮我把这个班变成四年级最好的一个班。"在头几天,她一直强调这点,夸奖汤姆所做的一切,并评论他的行为表明他是一位很好的学生。令人惊奇的结果出现了,汤姆真的变了,他渐渐地约束了自己的行为,变成了一个好学生。

再看一下罗杰·罗尔斯的故事。

罗杰·罗尔斯是一位黑人州长。他出生在贫民窟,这里环境肮脏,充满暴力,是偷渡者和流浪汉的聚集地。在这儿出生的孩子,在这样的环境中耳濡目染,他们从小就逃学、打架、偷东西,甚至吸毒,长大后很少有人从事体面的职业。然而,罗杰·罗尔斯是个例外,他不仅考上了大学,而且成了州长。

在就职的记者招待会上,一位记者对他提问:"是什么把你推向州长宝座的?"面对300多名记者,罗尔斯对自己的奋斗史只字未提,只谈到了他上小学时的校长——皮尔·保罗。1961年,皮尔·保罗被聘为诺必塔小学的董事兼校长。当时正值美国嬉皮士流行的时代,他走进诺必塔小学的时候,发现这里的穷孩子比"迷惘的一代"还要无所事事。他们不与老师合作,旷课、斗殴,甚至砸烂教室的黑板。皮尔·保罗想了很多办法来引导他们,可是没有一个是奏效的。后来他发现这些孩子都很迷信,于是在他上课的时候就多了一项内容——给学生看手相,他用这个办法来鼓励学生。

当罗尔斯从窗台上跳下,伸着小手走向讲台时,皮尔·保罗说:"我一看你修长的小拇指就知道,将来你会成为州长。"当时,罗尔斯大吃一惊,因为长这么大,只有他奶奶让他振奋过一次,说他可以成为五吨重的小船的船长。这一次,皮尔·保罗先生竟说他可以当州长,着实出乎他的预料。他记下了这句话,并相信了它。从那天起,州长就像一面旗帜指引着罗尔斯,他的衣服不再沾满泥土,说话时也不再夹杂污言秽语。他开始挺直腰杆走路,在以后的40多年间,他没有一天不按州长的身份要求自己。51岁那年,他终于成了州长。

用模糊的语言说尖锐的话

对于一些比较尖锐的话,最好使用模糊的语言来表达,给对方一个模糊的意见,或者多用一些"好像""可能""看来""大概"之类的词语,显得留有余地,语气委婉一些。

例如,当学生在课堂上回答不出问题时,作为老师一般不应这样训斥学生:"你怎么搞的?昨天你肯定没复习。"而应当用模糊委婉的语言表达批评的意思:"看来你好像没有认真复习?还是因为有点儿紧张,不知道该怎么说呢?"而且应当进一步提出希望和要求:"希望你及时复习,抓住问题的关键点,争取下次给出让大家满意的答案,行不行?"这样给了学生面子,也能达到好的效果。

在一些交流场合,尤其是在一些比较正式的场合,我们经常可能碰到一些涉及尖锐问题的提问,这些提问不能直接、具体地回答,却又不能不回答。这时候,说话者就可以巧妙地用模糊语言表达自己的意见,让当事双方都不感到难堪。

一个小伙子陪着他刚怀孕的妻子和丈母娘在湖上划船。丈母娘有意试探小伙子,问道:"如果我和你老婆不小心一起落到水里,你打算先救哪个呢?"这是一个老问题,也是一个两难选择的问题,回答先救哪一个都不妥当。小伙子稍加思索后回答:"我先救妈妈。"母女俩一听哈哈大笑,脸上都露出了满意的笑容。"妈妈"这个词一语双关,使人皆大欢喜。

说话避开别人的痛处，才能赢得好感

每个人都有忌讳，而且都讨厌别人提及自己的忌讳。说话时如不小心就会冲撞了对方，引起别人反感，有的甚至招来怨恨。

小马脱发问题比较严重，他干脆就理了光头。一天，大家在一起聊天，得知小马的发明专利被批准了。小陆快嘴说道："你小子，真有你的，真是热闹的马路不长草，聪明的脑袋不长毛。"说得大家哄堂大笑，小马的脸也红了起来。

开这种玩笑的人动机大多是好的，但如果不把握好分寸、尺度，就会产生一些不良的后果，即所谓"说者无心，听者有意"。因此，掌握说话艺术需要我们在生活中多观察、多总结，避开别人的痛处，这样才能准确恰当地与他人沟通。

生活中，夫妻双方发生争执是很正常的事，但有的人口不择言，喜欢揭对方短处或对方丑处，甚至当众让对方出洋相，从中获得快感，以降服对方。比如丈夫对妻子说："女人嘛，做得好不如嫁得好。你不但不会做，而且就算是会做，若不是嫁给我，你今天能活得这么滋润吗？"或者对对方说："别以为你拿了本科文凭就有什么了不起的，这蒙得了别人，蒙不了我，那是补考了好几次才勉强通过的。""我那位啊，在别人面前人模人样，在家里我让他学鸡叫就学鸡叫，我让他学狗爬就学狗爬，就是熊样！"这样的话太伤人自尊心,但偏有人十分喜欢说,意在表现自己的优越地位。

最容易戳到对方痛处的时候,也是安慰别人的时候。别人正在痛苦之中,如果在安慰时不注意,揭了人家的疮疤,那可真是火上浇油。比如一个人失恋了,伤心不已。这时,最合适的安慰方法是和失恋者一起找一些快乐的事,让他在交流过程中慢慢消减痛苦。而应避开一些话题,比如不分青红皂白,故作高深地来一句:"我早就看出他(她)不是好东西。""他(她)这是存心骗你,当初说爱你的那些话都是假的。""你不知道他(她)是在利用你啊?"这会使失恋者伤心之余,又多了一份窝囊和寒心。

如果真的一不小心戳到了别人的痛处,我们应该尽快寻找补救措施,比如也嘲笑一下自己的短处。

某学生寝室,初到的新生正在比较年龄大小。小林心直口快,与小王争执了半天,见比自己小几天的小王年龄最小,便说道:"好啦,你排在最末,是咱们寝室的宝贝疙瘩,你又姓王,以后就叫你'疙瘩王'啦。"说者无心,听者有意,原来小王长了满脸的粉刺,每每深以为恨,此时焉能不恼?小林见惹来了风波,心中懊悔不已,表面上却不急不恼,巧借诗句揽镜自顾道:"蜷在两腮分,依在耳翼间,迷人全在一点点。唉,这真是'一波未平,一波又起'呀!"小王听了,不禁哑然失笑——原来小林长了一脸的雀斑。

同女士交谈注意社交距离

一个男子在火车站候车,看见坐在身边的一位女士光彩照人,穿着一双很好看的丝袜,便凑上前去搭讪。

男子:"你这双袜子是从哪儿买的?我想给我的妻子也买一双。"

女士:"我劝你最好别买,穿这种袜子,会招来一些不三不四的男人找借口跟你妻子搭腔的。"

女士的回答再简练不过,分量却极重,直说得那个男子哑口无言、满脸通红。在前后一问一答中,虽然话题同为一个——袜子,但是,一个是女士穿着,另一个是要给妻子买,女士从中寻到一个一词双关的进攻点,即你妻子穿上也会惹来不三不四的男人搭腔,让那个或许有点儿居心不良的男士很下不来台。

男士因为某些话题被女士搞得很尴尬,这绝不是个案。究其原因,可能是部分男士缺乏对女士的了解而使交谈进行得并不愉快。男士同女士交谈,一定要对她们的心理有一定的了解,注意男女有别,保持应有的距离,不能把男人之间交往的态度随便搬过来。

女士大都喜欢听赞扬的话,但赞扬不可太露骨,要含蓄一些。对于那些年轻貌美、性格开朗的女性,可以赞扬她容貌的靓丽,如"你长得真漂亮,很清纯。"对那些内向性格的女性,不可直言赞扬,应委婉地说:"你很文静,也很漂亮。"否则你会被认为"不正经"或"轻佻"。对相貌平平的女士,则可以称赞其"很有气质,一看便知是知识女性。""一看你就能感到你是一个善良纯朴的女性。"这样说对方会感到非常高兴。

不了解女士的生活背景,不要轻易询问她的年龄、婚姻及收入情况,可以先问一问她的父母、家人、学历、工作等情况。如果你对她一见钟情,迫切要了解她的详细信息,可以问:"你是同父母住在一起吗?"如果对方对你有好感,且愿意相交的话,会主动如实告诉你的,切不可初次见面就问"你丈夫在什么单位工作""你同丈夫感情还好吗"一类让人反感的话。

女子不轻易拒绝别人,往往用沉默、注意力转移或假装没听见来表示推辞。遇到这种情况,你应该结束交谈,或者转到其他话题。不要等到人家下了"逐客令",你再起身告辞,那会很没面子的。

别人说话时,不要轻易打断

讲话者最讨厌别人打断他的讲话,因为这在打断他的思路的同时,也让他体会到你不尊重他。事实上,我们常常听到讲话者这样的直言:"你让我把话说完,好不好?"善于听别人说话的人不会因为自己想强调一些细枝末节,想修正对方话语中一些无关紧要的部分,想突然转变话题,或者想说完一句刚刚没说完的话,就随便打断对方的话。经常打断别人说话表示我们不善于听人说话,个性偏激,礼貌不周,很难和人沟通。

有一个客户经理与客户谈一个项目,争论最激烈的时候,他手下的一个员工闯了进来,插嘴道:"经理,我刚才和哈尔滨的客户联系了一下。他们说……"接着就说开了。经理示意他不要说了，而他却越说越津津有味。客户本来就心情不大愉快，见到这样的情景更是气坏了，对客户经理说："你们先谈，我改天再来吧。"说完就走了。这位下属乱插话，搅了一笔生意，让经理很是恼火。

随便打断别人说话或中途插话，是有失礼貌的行为。但有些人却存在着这样的陋习，结果往往在不经意之间就破坏了自己的人际关系。比如，上司在安排工作的时候，他会做出各项说明，通常他的话只是说明经过，或许结论并不是我们想的那样。中途插嘴表达自己有意见，除了让上司认为你很轻率之外，也表示你蔑视上司。如果碰到性格暴躁的上司，恐怕会大声地说："请不要打断我，听我把话说完。"

那些不懂礼貌的人总是在别人津津有味地谈着某件事情的时候，在说到高兴处时，冷不防地半路杀进来，让别人猝不及防，不得不偃旗息鼓。这种人不会预先告诉你，说他要插话了。他插话时不会管你说的是什么，而是将话题转移到自己感兴趣的方面，有时还会把你的结论代为说出，以此得意扬扬地炫耀自己的聪明。无论是哪种情况，都会让说话的人顿生厌恶之感。

打断别人的话是一种不礼貌的行为，但是如果是"乒乓效应"则属于例外。"乒乓效应"是指，听人说话的一方要适时地提出切中要点的问题或发表一些意见感想，来响应对方的说法。还有如果听漏了一些地方，或者是不懂的时候，要在对方的表达暂时告一段落时，迅速地提出疑问之处。

当然，如果对方与你说话的时间明显拖得过长，他的话不再吸引人，甚至令人昏昏欲睡，他的话题越来越令人不快，甚至已经引起大家的厌恶，你就不得不中断对方的讲话了。这时，你也要考虑在哪一个段落中断为好，同时应照顾到对方的感受，避免给对方留下不愉快的印象。

想在与人交际时获得好人缘，想让别人喜欢你、接纳你，就必须克服随便打断别人说话的陋习，不要抢着替别人说话，不要急于帮助别人讲完事情，不要为争论鸡毛蒜皮的事情而打断别人。

有一次，在收音机的广播辩论中，拉夏与联合国代表约翰就罗德西亚问题进行辩论。主持人马卡佛利为了给约翰与拉夏均等的发言时间而煞费苦心。约翰因长年在联合国工作，资历比较老，养成想要说话时，要说多少就说多少的习惯，所以当拉夏要陈述自己的论点时，他立刻插进来，加以反驳，表示他自己的意见。

经过两三次这种打断后，拉夏忍无可忍，决定亮出"秘密武器"。当约翰又一次插话时，拉夏大声对他说出自己的不满："代表，请您不要打乱我说话，那是不雅的。"

培根说："打断别人，乱插话的人，甚至比发言冗长者更令人生厌。"你有说话的权利，对方也有说话的权利，别轻易打断别人。打断别人说话是没有教养、低情商的表现。

出了错误，掩盖不如用谐音把话说圆

谐音，是指利用字词的语音相同或相近，有意识地使用语句的双重意义，言在此而意在彼。谐音的妙用，在于能让人把话说圆而摆脱困境，甚至化险为夷。因为许多字词在特定场合中，用本音是一个意思，而用谐音则成了另一个意思。

从前有个宰相，他有一个叫薛登的儿子，生得聪明伶俐。当时有个奸臣金盛，总想陷害宰相，但苦于无从下手，便在薛登身上打主意。有一天，金盛见薛登与一群孩童玩耍，于是眉头一皱，诡计顿生，喊道："薛登，你像老鼠一样胆小，都不敢把皇城城门边的木桶砸掉一只。"

薛登不知是计，跑到城门边，把立在那里的双桶砸碎了一只。金盛一看，正中下怀，立即飞报皇上。皇上大怒，传薛登父子问罪。

薛登父子跪在堂下，薛登却若无其事地嘻嘻笑着。皇上怒喝道："大胆薛登！为什么砸碎皇桶？"

薛登想了想，反问道："皇上，您说是一桶（统）天下好，还是两桶（统）天下好？"

"当然是一统天下好。"皇上说。

薛登高兴得拍起手来："皇上说得对！一统天下好，所以我便把那只多余的'桶'砸掉了。"

皇上听了转怒为喜，称赞道："好聪明的孩子！"又对宰相说："爱卿教子有方，请起请起！"

金盛一计未成，贼心不死，进谗言道："薛登临时胡编，算不得聪明，让我再试他一试。"皇上同意了。金盛对薛登嘿嘿冷笑道："薛登，你敢把剩下的那只桶也砸了吗？"薛登瞪了他一眼，说了声"砸就砸"，便头也不回，奔出门外，把城门边剩下的那只木桶也砸了个粉碎。

皇上喝道："顽童！这又如何解释？"

薛登不慌不忙地问皇上："陛下，您说是木桶江山好，还是铁桶江山好？"

"当然是铁桶江山好。"皇上答道。

薛登拍手笑道:"皇上说得对。既然铁桶江山好,还要这木桶江山干什么?皇上快铸一个又坚又硬的铁桶吧!祝吾皇江山坚如铁桶。"

皇上高兴极了,下旨封薛登为"神童"。

谐音是一语双关的表现形式之一。在上面这个例子中,薛登之所以能够化险为夷,就在于他巧妙地运用了谐音把话说圆了。

认真谦虚地听,完美地展现社交魅力

对话,是由两个人组成的,而每一方都承担着两个任务,说和听。你说的时候对方听,你听的时候对方说。听和说之间互相促进,共同构成对话的整体。从某种意义上说,说与听二者之间,听对维持对话有更重要的意义。因为听可以增加对对方的了解,明白对方的要求和意图,从而决定你应该向对方怎么说、说什么等一系列说的行为。

但是,我们许多人在与别人交谈时往往缺少听的功夫。他们根本顾不上听别人说了些什么,有时又急急忙忙打断别人的谈话,或者心不在焉地听别人说话,有的人甚至断章取义,把别人的话掐头去尾,还有的滔滔不绝自顾自地说。

当你同别人谈话时,如果别人将头扭向一边,做出一副爱理不理、漫不经心的样子,那么你谈话的兴致会骤减。"看他这副样子,他好像不太想跟我谈话,算了,不浪费时间了。"有的时候对方在你说话时附和着说两句"是吗""噢""原来如此"之类的话，但他那闪烁不定的神色好像在提醒你："别浪费口舌了，我根本没听你在谈什么。"于是，好好的兴致被破坏了，一场谈话就半途而废了。

你也许有这样的感觉，如果你对面的听众能够做到聚精会神、侧耳聆听，你的心情一定会大不一样，你谈话的兴致会大大增加，你心里一定会说："噢！瞧，他听我说话的样子多认真，似乎他对我说的话挺感兴趣的。"如果对方边听边点头，并不断地发出"嗯、嗯"之声，那么你一定会谈兴大增，同时你对自己会产生更大的信心，话题也会源源不断地涌出，思路也会变得清晰流畅。

显然，出现这些结果，都是由于善于倾听的人在无形中起到了鼓励对方的作用。如果你在交际场合想要建立良好的人际关系，那么专注认真地倾听别人谈话，向对方表示你的友善和兴趣，将会对你有极大的帮助。

认真而仔细地倾听对方谈话，是尊重对方的前提，有了前提才会有真诚的交流。接下来，友好而热情地对待对方，并且不时给对方以鼓励，也是尊重对方的重要内容。在倾听的过程中，你如果能耐心地听对方说话，就等于向对方表示了你的兴趣，等于告诉对方"你说的东西很有价值"或"你很值得我结交"。无形中，你让说者的自尊心得到了满足，使他感到了自己的价值。说者对听者的感情也会发生一个飞跃，"他能理解我""我终于找到了一个倾诉的对象"，于是，两人心灵的距离缩短了，交流使两人成了好朋友。

如何做一个听话能手，从而在交际场合大展魅力呢？

听话时要专心致志，用眼神和说话者交流，并呼应对方的讲话，表情姿势都要适合当时的客观环境。切忌眼光飘忽不定，不要显出不耐烦的样子，也不要在听别人说话时做其他事情。如果别人正在讲话，请不要轻易打断，也不要轻易接过别人的话头妄下结论。如果你确实没有听清,方可打断别人,询问时要显得有礼貌。

看清谈话对象的身份,然后再开口

我们应该懂得在交际中遇到不同的人说不同的话,以便满足对方的心理需求,从而赢得对方的好感。这是因为只有赢得对方的好感,才能让沟通更加顺利。

与人说话,先要明白对方的个性,对方喜欢婉转,应该说含蓄的话;对方喜欢率直,应该说直接的话;对方崇尚学问,就说高深的话;对方喜谈琐事,就说浅显的话。说话方式能与对方个性相符,自然能一拍即合。

1. 与地位高于自己的人谈话要保持个性

会说话的人在与地位高于自己的人谈话时,会保持自己的个性,维持自己的独立思考,不会去做一个"应声虫"。同时,与地位高者谈话还应注意以下几点:

(1)态度表现出尊敬;

(2)对方讲话时全神贯注地听;

(3)不随意插话,除非对方希望自己讲话;

(4)回答问题简练适当,尽量不讲题外话;

(5)表情自然,不紧张。

2. 与老年人谈话要保持谦虚

长辈教育后辈时常说,"我走过的桥比你走过的路还多",这是很有道理的。大部分老年人虽然接受的教育较后辈少,可是无论怎样,其经验要丰富得多。因此,会说话的人在与长者谈话时,会保持谦虚的态度。

人们不喜欢别人说自己老迈年高,他们喜欢显得比真实年龄年轻,或努力获得如青年人一般的活力和健康的朝气,这并非说他们企图隐瞒自己的年龄。事实上或许是因为他们自己为生活得很健康而感到骄傲。所以,会说话的人与老年人谈话时,不会直接提起他们的年纪,而只提起他们所干的事情,这样就能温暖老年人的心,而使他们觉得自己是一个非常令人喜欢的人。

老年人较之年轻人更希望得到尊重,在他们的一生中,他们做过许多值得骄傲的事情,而他们就喜欢谈论这些作为。他们喜欢人家来求教,或听听他的劝告,喜欢人们尊敬他。

其实,与老年人谈话,是很容易的,因为他们很喜欢谈话。他们说话常滔滔不绝,如果打断他们,就会显出粗鲁无礼的样子。因此,有时与他们谈话很费时间,可是只要用心听,他们的话是很有裨益的。

3. 与年轻人谈话要保持深沉

会说话的人在与年轻人谈话时会保持深沉、慎重的态度。这是因为年轻人的思想虽然超前,但有些方面的知识不及自己,因而不宜降低身份,还要注意不要给他们机会直呼己名。

与年轻人谈一些他们感兴趣的事物,让他们相信自己是从他们的立场来观察事物的,让他们明白自己也有与他们一样年轻的观念,这样谈话就能顺利地进行下去了。

别人郁闷时多说些宽心的话

所谓郁闷，也就是碰到了不顺心的事情，心情不好。在这个竞争激烈的社会，人们经常会碰到让人郁闷的事情，也经常会碰到正处在郁闷中的人。那么问题出现了，对郁闷的人怎样安慰？说什么话比较好？正确的方式是，多说理解的话。

小罗是一名大学生，他很喜欢一个女同学。大家都知道这个女同学跟一个家里很有钱的男生关系很好，就经常劝小罗一定要小心。但俗话说"当局者迷，旁观者清"，小罗一直说那女同学告诉他了，她跟那个男生只是一般的朋友关系。

这种状态维持了半年，突然有一天晚上，小罗垂头丧气地回到宿舍，什么也不说就躺到床上。晚上熄灯很久了，他还在那儿辗转反侧。第二天大家问他怎么回事，小罗伤心地说，那个女孩昨晚约他出去，说从来没有喜欢过他，女孩现在已经是别人的女朋友了。

大家听了七嘴八舌地教训小罗，说他早就应该听大家的劝，弄到今天是活该。只有小王默默地听着，午饭的时候他把小罗约到一个饭馆，要了两瓶啤酒，一边吃一边聊。小王告诉小罗，他自己也碰到过类似的事情，所以非常理解他的心情。他告诉小罗，自己当时也是很难走出那种痛苦，幸好一个学心理专业的同学告诉他多出去走走，多跟人交往，不要把自己封闭起来，他照着做了之后，才在较短时间里恢复了过来。他劝小罗重新拾起信心，面对生活，好女孩多得是。

小罗听了小王的话,精神振奋了一些。此后,他积极参加集体活动,加上大家都热心帮助他,很快恢复了乐观的生活状态。

有一句话叫"理解万岁",家家都有难念的经,我们在自己碰到郁闷事情的时候都希望别人的理解,而在别人郁闷的时候经常不能理解对方的心情,不能发自肺腑地说出理解的话。设身处地想想,别人和自己是一样的,自己希望别人理解,别人何尝不是?多说理解的话,别人就会把你当成真心朋友,赞赏你、信任你,把你当成知己,在你郁闷的时候也会真心地理解你,说一些让你宽怀的话,人际关系的局面就会越来越好。

从顺着对方的话开始,让对方放松下来

跟人交谈,不要以讨论不同意见作为开始,而要以强调双方达成共识的事情作为开始。即使对方已经拒绝了你,也应该尽量顺着这个思路说。要尽可能在开始的时候说"是的,是的",尽可能避免说"不"。一位教授在他的书中谈道:"一个否定的反应是最不容易突破的障碍,当一个人说'不'时,他所有的人格尊严,都要求他坚持到底。也许事后他觉得自己的'不'说错了,然而,他必须考虑到宝贵的自尊。既然说出了口,他就得坚持下去。"

一位官员正在演讲时,遭到当地一个妇女组织代表的指责:"你作为一位官员,应该考虑到国家的形象,可是听说你竟和两个女人

有关系，这到底是怎么回事呢？"

顿时，所有在场的群众都屏声凝视，等着听这位官员的桃色新闻。这位官员并没有感到窘迫难堪，而是十分轻松地说道："不止两个女人，现在我和五个女人有关系。"

这种直言不讳的回答，使妇女组织代表和群众如坠雾里云中，迷惑不解。然后，这位官员继续说："这五位女士，在年轻时曾照顾我，现在她们都已老态龙钟，我当然要在经济上照顾她们，精神上安慰她们。"

结果，妇女组织代表无言以对，而观众席中则掌声如雷。

这位官员开始不仅没有反驳妇女组织代表，甚至承认自己的"坏事"。但随后一番言语，间接反驳了这位妇女组织代表。这种从顺着对方的话开始，最终却成为一个否定意思的说话方法，既给了对方面子，又达到了自身目的，十分巧妙。

一开始就对对方的意见持否定观点，意味着从开始就要陷入争论。会说话的人懂得先顺着对方的话说，一开始就抵消一些敌意，让对方放松下来，对你接下来的意见也会更宽容一些。

多请教，以满足他人的为师欲

古人云："人之患，在好为人师。"从中可见，一般人都有这样的心理，除了爱听奉承之外，也愿意做别人的老师。

在与人交往时，你也不妨做一个忠诚的听众，把别人当成自己的老师，少说多听，做一个学生，给对方表现自己的机会，最后达到沟通的目的。这就是"甘为人徒"的交流技巧。

小李和小陆是同一所大学的毕业生,他们的成绩都很优秀。两人入职同一家公司。几年以后,小陆提升为部门主管,小李则调到公司下属的一家机构,职位明升暗降,因为没有任何管理权限。

他们入职该公司后,领导各交给他们一项工作,并交代他们可以全权处理。

小李接到工作任务后,做了精心的准备,方案也设计得十分到位。他一心投入工作,全然不记得要向领导请示一下。领导是开明的,既然说过他可以全权处理,自然不会干涉,但也没有和下面人交代什么。等到小李把自己的计划付诸实践,各部门人员见他是新来的,免不了有些怠慢,小李心直口快,与一个人顶了起来,这可惹了麻烦,因为这人正是总经理的助理。后果可想而知,他的工作处处受阻,最后计划中途流产。

小陆接到任务后,经过周密分析调查,提出了三个方案给领导看,又向领导逐条分析利弊,最后向领导请教用哪个方案。这时,领导对他的分析已经很信服,当然采取了他所推荐的那个方案。他又问领导该如何具体实施,领导说:"你自己放手干吧,年轻人比我们有干劲。"小陆连忙说:"我刚来公司,一切都不熟悉,还得多向领导请示。"因为小陆的态度谦恭,意见又到位,领导很满意,当即给几个部门的主管打电话,让他们大力协助小陆的工作。因为有了领导的交代,小陆在实施自己的方案时又时时注意与各部门人员协调,他的工作完成得又快又好。

多请教,满足他人的为师欲,你会受益匪浅。以人为师,少说为佳,但并不是不说话。若能把这条策略运用好,你还得说话。投其所好，不懂就问；对于懂的，有时也要暂时装作不懂去询问一下。你说话的目的在于提问的方式，使对方口若悬河，让对方心理有一种满足感和被尊重感，这时你再提出要求，就容易实现了。

有了分歧，切忌跟人发生正面冲突

有一天晚上，年轻的戴尔·卡耐基参加一次为迎接史密斯爵士而举行的宴会。宴席中，坐在戴尔·卡耐基右边的一位先生讲了一段笑话，并引出了一句话，意思是"谋事在人，成事在天"。他说那句话出自圣经，但他错了。戴尔·卡耐基知道，并且很肯定地知道出处。为了表现出优越感，戴尔·卡耐基很认真地纠正他。他立刻反唇相讥："什么？出自莎士比亚？不可能，绝对不可能！那句话出自圣经。"他自信确定如此。

戴尔·卡耐基的老朋友弗兰克·格蒙在他左边，他研究莎士比亚的著作已有多年。于是，戴尔·卡耐基和那位先生都同意向他请教。格蒙听了，在桌下踢了戴尔·卡耐基一下，然后说："戴尔，这位先生没说错，圣经里有这句话。"

那晚回家路上，戴尔·卡耐基对格蒙说："弗兰克，你明明知道那句话出自莎士比亚。""是的，当然，"他回答，"哈姆雷特第五幕第二场。可是亲爱的戴尔，我们是宴会上的客人，为什么要证明他错了？那样会使他喜欢你吗？为什么不给他留点面子？他并没问你的意见啊！他不需要你的意见，为什么要跟他较真？应该永远避免跟人家正面冲突。"

戴尔·卡耐基说："很多时候你赢不了争论。要是输了，当然你就输了；如果赢了，还是输了。"在正面争论中，并不产生胜者，所有人在正面争论中都只能充当失败者，无论他（她）愿意与否。因为十之八九的争论结果都只会使双方比以前更相信自己绝对正确；或者，即使你感到自己可能错了，却也绝不会在对手跟前俯首认输。在这里，心服与口服没法达到应有的统一，人的固执性将双方越拉越远，到争论结束时，双方的立场已不再是开始时的并列，一场毫无必要的争论造成了双方可怕的对立。所以，天底下只有一种能在争论中获胜的方式，就是避免争论。

口头冲突除了浪费时间、影响感情外，其实很难争出个输赢来。因为越到最后，双方的理智因素越少，成了每人一套理论，各说各的，谁也说服不了谁。与其这样，还不如避免口头上的正面冲突，各做各的事，不在这上面浪费时间和感情。

学会尊重，私底下指出别人的缺点

每个人都难免有缺点，并且可能在不同的场合表现出某种缺点来，还可能会破坏气氛。面对这种情况怎么办，是当场指出别人的缺点，还是先忍住，等到私底下再指出来？会说话的人懂得，私下指出是面对别人缺点采取行动的第一步。但有的人却常常要么对别人的缺点视而不见，要么直接对外宣扬，让别人下不来台，这里的教训实在值得我们思考。

做人要拥有一颗宽容的心。"金无足赤，人无完人"，不要苛求别人的完美，宽容让你自己不断完美起来。在别人的某些缺点比较严重时，我们应该以私下谈心的方式委婉指出，急风暴雨不如和风细雨，当场训斥不如私下平心静气、施以爱心。只有我们拥有了一颗宽容的心，别人才能感受到我们的真诚，在我们指出他们缺点的时候才能心悦诚服地接受。

朋友之间，指出缺点总会面临伤和气的风险，但作为朋友应该承担这种风险。风险有大有小，关键是选用的方法适当与否。人都是或多或少要面子的，指出缺点更应该顾及对方的面子，说话尽可能婉转一些。即使在私下场合指出朋友缺点和错误，也应充分考虑如何让对方愉快接受，最好先聊聊其他事情，以便在沟通感情、融洽气氛的基础上婉转地指出。

指出缺点更多时候是发生在角色地位并不平等的人之间，比如上司对下属、老师对学生。这些情况下可以公开指出缺点吗？当然不应该，照样应该维护下属和学生的面子。当员工违反明确的规章制度时，当然应当众指出其过错，在让他认识到缺点错误的同时，也可对其他人起到警示作用。假若员工在工作上出现小的失误，而且不是有意的行为，可在私下为其指出来，或以含蓄、暗示的方式使其意识到自己的失误。这样既能维护他的面子，又能达到帮他改正缺点的目的。

要时常反问自己："处理这件事最合乎人性的方法是什么？"当员工把事情弄糟了，有的领导者会把犯错误的员工当着其他员工甚至是这位员工的下属面前一通训斥。聪明的领导者会在私下里跟员工谈心，指出缺点，并且帮助他找出适当的方法去做好事情，还会肯定他已经做得很好的部分，以免让员工丧失信心。

作为上司，假如下属真的表现出比较明显的缺点，一般应私下单独找他谈话，明确指出来，引导他今后如何正确处理类似的问题及注意事项，避免再犯同样的错误。这样，下属有问题才愿找上司反映或沟通谈心。

作为老师，对学生的缺点也要有一些明智的方法。

刘老师班上有个女生很优秀，有一段时间看到别人比自己成绩好，心里有些不平衡。刘老师通过网上聊天工具和她聊天，直接指出一些问题。这个女生很感激，情绪理顺了。对其他有缺点的学生，刘老师也尽量采取类似方法。"刘老师照顾我们的面子，我们也会尽力改正。"学生如是说。

有一次，刘老师经过教室，听到一位同学用粗话私下骂老师，他装着没听见，事后把那位同学请到办公室，告诉他老师已经听到他说的话，但不想当着全班人的面批评他，是为了尊重他。那位同学很诚恳地承认了错误并向老师道歉，后来变得很有礼貌。试想，如果刘老师当时走进教室狠批一顿，不但自己下不了台，有可能换来学生第二次更难听的粗话。

所以，在私底下指出其缺点，既是对别人的尊重，也会赢得别人对你的尊重。

Part 4
情商高就是会为人处世

与人相处，最重要的是"心领神会"

古人云："世事洞明皆学问，人情练达即文章。"不通人情世故的人很难在社会上立足。通达人情世故，必须善于揣摩人的心理。每个人都有难言之隐，包括那些团队中的管理者。平时，作为善于沟通交际的人，他们能做到心领神会，替人遮掩难言之隐。

郑武公的夫人武姜生有两个儿子，长子是难产而生，因而叫寤生，相貌丑陋，武姜心中深为厌恶；次子名叫段，成人后气宇轩昂，仪表堂堂，武姜十分疼爱。郑武公在世时武姜多次劝他废长立幼，立段为太子，郑武公怕引起内乱，一直没答应。

郑武公死后，寤生继位为国君，是为郑庄公。封段于京邑，国中称为太叔段。这个太叔段在母亲武姜的怂恿下，率兵叛乱，想夺位。但很快被郑庄公击败，逃奔共城。郑庄公把合谋叛乱的母亲武姜押送到一个名叫城颍的地方囚禁了起来，并发誓说："不到黄泉，母子永不相见！"意思是要囚禁他母亲一辈子。

一年之后，郑庄公渐生悔意，感觉自己待母亲未免太残酷了，但碍于誓言，难以改口。这时，有一个名叫颍考叔的官员摸透了郑庄公的心思，带了一些野味以敬献贡品为名晋见郑庄公。郑庄公赐其共进午餐，他有意把肉都留了下来，说是要带回去孝敬自己的母亲："小人之母，常吃小人做的饭菜，但从来没有尝过国君桌上的饭菜，小人要把这些肉食带回去，让她老人家高兴高兴。"

郑庄公听后长叹一声,道:"你有母亲可以孝敬,寡人虽贵为一国之君,却偏偏难尽一份孝心。"

颖考叔明知故问:"主公何出此言?"

郑庄公便原原本本地将发生的事情讲了一遍,并说自己常常思念母亲,但碍于有誓言在先,无法改变。

颖考叔哈哈一笑说:"这有什么难处呢!只要掘地见水,在地道中相会,不就是誓言中所说的黄泉见母吗?"

郑庄公大喜,便掘地见水,与母亲相会于地道之中。母子两人皆喜极而泣,即兴高歌,儿子唱道:"大隧之中,其乐也融融。"母亲相和道:"大隧之外,其乐也泄泄。"

颖考叔因为善于领会郑庄公的意图,被郑庄公封为大夫。

与人相处,最重要的是那一份"心领神会"。有些事别人心里在想但不好说出来,更不用说去做了,这时就需要旁人的默契配合来解围。这是一种善于沟通的技巧,但是读懂他人,准确领会其意图,并非一日之功,需要平时细心留意,学会观察。

比别人多想一些,多做一些

想在纷繁复杂的现代社会竞争中获得成功,就需多想多干,这样才能为自己打牢基础、丰富经验,增加人脉资源。

人生在世,干事、创业的过程中难免会有风险,要想灵活应变、转"危"为"机"就要对自己的处境、行为、目的有深刻的了解,对各种不测事件有充分的思想准备,随形势、人事的变化决定行为方式。我们坚决不能以整人、害人为目的,但在必要时,为了保全自己,应该毫不犹豫地以子之矛攻子之盾,以攻为守,避免被动。

公元前224年,秦国老将王翦率领60万秦军讨伐楚国,秦王嬴政到灞上为王翦大军送行,王翦向嬴政提出了一个要求,请求嬴政赏赐给他大量土地、宅院和园林。

嬴政不明白王翦的意思,不以为然地说:"老将军只管领兵打仗吧,哪里用得着为贫穷担忧呢?"

王翦回答:"当国王的大将,往往立下了赫赫战功,最后却不能封侯。因此,趁着大王还宠信我时,请求大王赏给我良田美宅,好作为我子孙的家产。"嬴政听后觉得这点要求微不足道,一笑了之。

王翦带领军队行进到函谷关,心里还惦记着土地宅院的事,接连几次派人向嬴政提出赏赐田宅的要求。王翦手下的将领们见他率兵打仗还念念不忘田宅,觉得不可思议,便问他:"将军如此三番五次地请赐田宅,不是做得太过分了吗?"

王翦答道:"秦王这个人生性好猜疑,不信任人;现在他把秦国的军队全部让我统领,我不借此机会多求一些田宅,为子孙们今后自立做些打算,难道还要眼看他身居朝廷而怀疑我有二心吗?"

第二年,王翦率军攻下了楚国,俘获楚王。嬴政十分高兴,满足了王翦的请求,赏给他不少良田美宅,将他封为武成侯。王翦的儿子王贲也是秦国将领,他率军先后攻下了魏国、燕国的辽东和齐国,被封为通武侯。他们父子两人都只要求财物,不求权力,嬴政终于明白了他们的心思,满足了他们的请求,并加以重用。

很明显,王翦是做事之前善于思考的人,他深知嬴政生性多疑,对任何人都不信任,自己握有重兵,嬴政对自己就会更不放心,自己随时都会遭受危险。为了解除嬴政的疑虑，转移嬴政的视线，他用多求田宅、园林的办法使嬴政对他放下心来并委以重任，同时也保全了自己和家人。

社会和职场竞争越来越激烈，世态变化无常，你在做人做事方面不多动些脑子、不多想些法子，就不可能处理好人际关系，也不可能在社会上获得成功。

争取更多的人支持自己

如何才能获得更多人的支持？这是我们现实生活中的一个烦恼。不管我们做什么事情，如果有很多人支持我们，一般这个事情成功的概率都非常大。清代巨商胡雪岩善于经商，善于拓展自己的人脉资源。他的精明之处在于他善于抓住不同人的特点，急人之所急，给人以最需要的帮助。

胡雪岩生活的时代，要经营人脉网络，离不开银子的作用。胡雪岩深谙此道，自然从不吝惜银子，甚至到了有求必应的地步。比如，当时在浙江任道台的麟桂调署江宁府，临走时在浙江亏空的两万多两银子需要填补，一时筹不到这笔款项，便找到胡雪岩请他帮助补一下窟窿，胡雪岩二话没说爽快地答应了。这使麟桂派去和胡雪岩相商的亲信激动不已，称胡雪岩实在是"有肝胆""够朋友"，要他一定不要客气，趁麟桂此时还没有卸任，有什么要求尽管提出来，反正惠而不费，他一定肯帮忙。胡雪岩做得也实在漂亮，他没有提出任何索取回报的具体要求，只是希望麟桂到任之后，有江宁方面与浙江方面的公款往来时,能够指定由他的阜康票号代理。这一点点要求,对于掌管一方财政的道台来说,自然是不费吹灰之力。事实证明,胡雪岩的投资是有眼光的,最终得到了意想不到的收益。

戴尔·卡耐基说,人们只对自己感兴趣。这个要点告诉我们,人只对与自己相关的人或事感兴趣;人们普遍喜欢那些自己经历过的事,这个要点告诉我们,当你要赢得他人支持的时候,不妨主动先去支持他人。

或许对方没有什么需要你的地方,当你懂得主动去关心对方的时候,提到那些他们觉得"是自己的事情"的问题时,其实已经打动了对方的心。

有的人在意的是利益,有的人在意的是价值,有的人在意的是成长,当你懂得用对方在意的事和对方沟通的时候,自然会收获他人的理解和支持。

适时吃点儿眼前亏,以后才不会吃大亏

会审时度势的人都懂得,在环境所迫时,要适当地吃一点儿眼前亏,因为他们知道,如果不这样做,可能要吃更大的亏。

一天,狮子建议九只野狗同它一起合作猎食。它们打了一整天的猎,一共逮了10只羚羊。狮子说:"我们得去找个英明的人,来给我们分配这顿美餐。"一只野狗说:"我们平均分配就很公平。"狮子很生气,立即把它打昏在地。

其他野狗都吓坏了,其中一只野狗鼓足勇气对狮子说:"不!不!我的兄弟说错了,如果我们给您九只羚羊,那您和羚羊加起来就是10只,而我们加上一只羚羊也是10只,这样我们就都是10只了,这就是平均分配。"

狮子满意了,说道:"你是怎么想出这个分配妙法的?"野狗答道:"当您冲向我的兄弟,把它打昏时,我立刻就增长了智慧。"

我们常说"好汉不吃眼前亏",聪明人在形势不利时,宁可暂时让步,以待来日。所以,这句话真正的含义是"好汉要吃眼前亏",因为眼前亏不吃,可能要吃更大的亏。

当一个人实力微弱、处境困难的时候,也是最容易受到打击和欺侮的时候。在这种情况下,人的抗争力最差,如果能避开大的困难也算很幸运了。此时面对他人过分的对待,最好是退一步海阔天空,先吃一下眼前亏,立足于"留得青山在,不怕没柴烧",用"卧薪尝胆,待机而动"作为忍耐与发奋的动力。

汉朝开国名将韩信是"好汉吃得眼前亏"的最佳典型。乡里恶少要韩信爬过他的胯下,韩信二话不说就爬了,如果不爬呢?恐怕要挨一顿拳脚,韩信不死也只剩半条命,哪来日后的统领雄兵,叱咤风云呢?他吃点亏,为的就是能保存自己的实力,以后才有了奋力进取的基础。

所以,会审时度势的人处于对自己不利的环境时,不会逞血气之勇,宁可吃眼前亏。

人情，应该在最需要的时候用

人情，是一种资源，应该在最需要的时候用。人情是"消防队员"，救急不救穷。也就是说，人情可以帮助你，却是一笔可以使用却不宜透支的资源。

人情可以从两个视角上理解，一是你对别人的情分，二是别人对你的情分。你对别人的情施与多了，从对方的角度看，他就欠了你的情；别人对你的情施与多了，从你的角度看，你就欠了对方的情。虽然人情不可以量化，但在很多人心中还是有一杆秤，试图要称出它的分量。一般说来，一个人有多大的人情，就会获得多大的回报。有些人喜欢借助人情来办事，但人情是有限量的，好像银行存款那样，你存得越多，可领出来的钱就越多；存得越少，可领出来的就越少。你若和别人只是泛泛之交，你能请求别人帮的忙就很有限，因为他没有义务和责任帮你大忙，你也不可能一次又一次让人家帮你的忙，这是因为你的人情存款只有那么一点点。如果你要求得多，那就是透支了。不但不再有人情可支取，别人还会以为你不近人情，不知好歹，在与人交往时只想索取，不想付出，最后你会落得个没有分寸的名声。

人情需要时时储蓄。每个人的心中都有一个"银行"，都有一本"感情账户"。而能够充实"感情账户"，使"感情储蓄"日益丰厚的，只能是你对他人真诚、热忱的关心、支持和帮助。互助互利是彼此信任的基石，没有较深的感情则没有彼此的信任。重视情感因素，不断增加感情的储蓄，就是积聚信任度，保持和加强亲密互惠的关系。你在"感情账户"上增加储蓄，就会赢得对方的信任，那么当你遇到困难、需要帮助的时候，别人才会积极施以援手。

三国争霸之前，周瑜并不得意。他在袁术部下为官，被袁术任命为居巢长，就是一个小县的县令罢了。这时候地方上发生了饥荒，兵乱使粮食问题日渐严峻起来。居巢的百姓没有粮食吃，就吃树皮、草根，饿死了很多人，军队也失去了战斗力。周瑜作为父母官，看到这悲惨情形急得心慌意乱，不知如何是好。

有人献计，说附近有个乐善好施的财主叫鲁肃，他家素来富裕，想必囤积了不少粮食，不如去向他借粮。

周瑜立即带上人马登门拜访鲁肃，刚寒暄完，周瑜就直接说："不瞒老兄，小弟此次造访，是想借点粮食。"

鲁肃一看周瑜外形俊朗，显而易见是个才子，日后必成大器，他不在乎周瑜现在只是个小小的居巢长，哈哈大笑说："此乃区区小事，我答应就是。"

鲁肃带周瑜去查看粮仓，当时鲁家存有两仓粮食，各三千斛，鲁肃痛快地说："也别提什么借不借的，我把其中一仓送与你好了。"周瑜及其手下见他如此慷慨大方，都愣住了，要知道，在饥馑之年，粮食就是生命。周瑜被鲁肃的言行深深感动了，两人当下就互生敬仰之情。

后来周瑜当上了将军，他牢记鲁肃的恩德，将他推荐给孙权，鲁肃得到了干事业的机会。

请求别人的支持与帮助时，应该自信主动、坦诚大方地提出，尽管有一些有效的方法和技巧可以采用，然而最重要的是自己要乐于助人、关心他人，不断增加"感情账户"上的储蓄。

"人情储蓄"不可以频繁支取，也不能即有即支。生活中常有这样的人，帮了别人的忙，就觉得有恩于人，摆出一副高高在上的姿态，急于从别人那里得到回报，结果却犯了为人处世的大忌。这样做会引发相反的效果，即使帮助了别人也没能增加自己"人情账户"，骄傲和功利心将"人情储蓄"完全抵消了。

人情是一种源于善良和热情的情谊，不要刻意为自己编织人情网，只要你用真诚去经营你的人际关系，你就能获得更大的帮助和更多的人情。

帮助朋友走出困境，与朋友真诚相交

在我们的朋友遇到困难的时候，在有些人见其失败了，就开始疏远冷落他们时，我们要该出手时就出手，千万别犹豫，这样在你需要人帮助时，他们才会鼎力帮助你走出困境。

当然，对他们的帮助要落在实处，不要停留在口头上。而且这种帮助也是需要技巧的，也就是说当你想帮助某个人的时候，要注意具体方法，想清楚如何帮助他，才能使他真正受益。如果不注意这一点，你常常会事倍功半，甚至适得其反。一位盲人在大街上着急地用盲杖敲着地面，是在说他不知道该怎么走了。好心的你走上去想帮助他，告诉他左边是北，右边是南，他其实仍然分不清楚，他需要你拉着他的手，带着他走一段路。

林玲是一家医疗器械公司的销售代表，她准备去某国际医院拜访一位科室主任张某。临走时，同事马姐向她透露了一个最新情报："张主任被免职了，现在王某才是主任，你不用向张某推荐咱们的产品。"林玲十分感谢马姐，但真的直接去找新主任吗？这样做似乎对张主任有点落井下石。

在过去一段时间的接触中，林玲知道张主任是他们医院的技术骨干，曾经荣获某跨国医疗集团"杰出青年专家"的称号。但他性格狂傲暴躁，据说半年前因为一件小事当面与院长吵得不可开交，平常又总是太刚正，肯定会得罪一些人，他会遇到挫折是大家意料中的事。林玲为他感到惋惜，毕竟他是一位十分优秀的医生，这一点，病人和家属的交口称赞就是最好的证明。林玲想，反正拜访新主任是迟早的事，这次还是应该先见见张主任，于是她带着准备好的资料来到医院。

张主任正在办公室"闭门思过"，林玲的到来令他感到有点意外。很明显，张主任的心情很差，他生硬地说："以后直接去找王主任谈医疗器械采购的事，我已经不是主任了。"林玲微笑着递上资料，说："新主任我以后会去拜访，不过这并不妨碍我拜访您啊，您是我们公司的老朋友了，我就是来拜访老朋友的。"

张主任愣了一下，似乎有些感动，态度也客气了许多，马上给林玲写了王主任的名字和办公室门牌号，说以后有什么问题找王主任也可以解决。林玲知趣地告辞了："那您先忙吧，我下次再来拜访您。"张主任苦笑着说："还忙啥呀？主任也不当了，没什么可忙的了！"林玲转回身来，问道："您怎么会这么说呢？"张主任显然牢骚满腹，一时还不适应职务调整，站在办公桌后茫然四顾地说："不当主任了，有什么可忙的？"林玲说道："不当主任了，您还有自己的专业啊，您照样是杰出青年专家啊！现在，您可以有更多的时间研究医术了。要是都像您这么想，那我们这些大学毕业了却不能从事本专业工作的人又该怎么办啊?"

张主任惊呆了,从来没人敢这样对他说话,特别是一个他从未看在眼里的销售员。不过这个看上去还有几分稚气的小姑娘说得确实有道理。林玲最后说道:"其实很多时候环境是无法改变的,如果我们无法让自己完全妥协,至少我们可以决定自己面对逆境时的态度。不论在什么环境条件下,我们都应该尽自己最大的努力去发挥自己的才能,这样才不会后悔。"张主任点了点头,眼中似乎有泪光在闪动。

几个月后,张主任成为医院的首席专家。他的心态已经非常平和,因为他永远忘不了那天下午,一个普通销售员给他上的难得的一课。而林玲也多了一个难得的朋友,在张主任的推荐和帮助下,林玲向公司提出了很多改进现有器械和开发新产品的建议,成为公司的明星员工。

我们常说某人的成功,是因为有贵人相助。的确,如果一个人找到了自己的领路人,可以避免很多不必要的摸索与碰撞,少走弯路,减少挫折。而那些贵人就在身边,从现在起,多注意一下你周围的朋友,当朋友遇到困难和挫折,需要你出手相助时,一定要雪中送炭;趁自己有能力时,多结交一些有发展潜力的优秀人才,毕竟与优秀的人在一起,你也会越来越优秀,你的发展才会越来越好。

遇事待人要照顾对方的自尊

鲁迅说过，面子是中国人的精神纲领。爱面子似乎已经成为人性的一大特点。可是我们不能只爱自己的面子，而不给他人面子。每个人都有一道心理防线，一旦我们不给他人退路，不给他人台阶下，他只好使出最后的方法——转身离开或据理力争。因此，我们为人处世中，应谨记一条原则，别让人下不了台。

每个人都有自尊，都希望别人凡事能顾及自己的面子，而我们却很少会考虑到这个问题。有些人常喜欢摆架子、我行我素、挑剔、在众人面前指责孩子或下属，而没有多考虑几分钟，讲几句关心的话，为他人设身处地地想一下，要是这样去做了，就可以缓和许多不愉快的场面。

有一段时间，通用电气公司遇到一个需要慎重处理的问题——公司不知该如何安排一位部门主管查尔斯的新职务。查尔斯原先在电气部是个技术天才，但后来被调到统计部当主管后，工作业绩却不见起色，他并不胜任这项工作。公司领导层感到十分为难，毕竟他是一个不可多得的人才，而且他十分敏感。如果不小心惹恼了他，说不定会出什么乱子。经过再三考虑和协调之后，公司领导层给他安排了一个新职位——通用公司咨询工程师，岗位级别与原来一样，只是另换他人去接手他现在的那个部门。

对这个安排查尔斯很满意，公司领导层也很高兴，他们终于把这位脾气暴躁的明星职员成功调换部门，而且没有引起什么风波，因为公司让他保留了面子。

一家管理咨询公司的会计师说："辞退别人有时也会令人烦恼，被人解雇更是令人神伤。我们的业务季节性很强，所以旺季过后，我们不得不解雇许多闲置下来的人员。我们这一行有句笑话，'没有人喜欢挥动大刀'。因此，大家都很担心，唯恐避之不及，那解雇人的任务就会安排到自己头上，只希望日子赶快过去就好。例行的解雇谈话通常是这样的，请坐，汤姆先生。旺季已经过去了，我们已没什么工作可以交给你做了。当然，你也清楚我们……"

"除非不得已，我绝不轻易解雇他人，同时会尽量婉转地告诉他，'汤姆先生，你一直做得很好（假如他真是不错）。上次我们要你去尤瓦克，那项工作虽然很麻烦，而你处理得滴水不漏。我们很想告诉你，公司以你为荣，十分信任你，希望你不要忘记这里的一切'。如此一番谈话，被辞退的人感觉好过多了，至少不觉得被遗弃。他们知道，如果我们有工作的话，一定会继续留住他们的。等我们再需要他们的时候，他们也很乐意再来投奔我们。"

面子是一件很重要的事，如果你是个对面子无所谓的人，那么你必定是个不受欢迎的人；如果你是个只顾自己面子，却不顾别人面子的人，那么你必定是个让大家反感的人。

事实上，给人面子并不难，也无关道德，大家都是在人情社会中生活，给人面子基本上就是一种互助。尤其是一些无关紧要的事，你更要会给人留面子。

被人需要胜过被人感激

每件事物都有其存在的特定价值，货币因流通的需要而存在，食物因饥饿的需要而存在，火因寒冷的需要而存在……人虽然与其他事物不尽相同，但却同样有被需要的情感诉求，就像母亲被子女需要，情侣被对方需要一样。

聪明的人宁愿让人们需要，而不是让人们感激。有礼貌的需求心理比世俗的感谢更有价值，因为有所求，便能铭心不忘，而感谢之辞终将在时间的流逝中消失。

1847年，俾斯麦成为普鲁士国会议员，在国会中没有一个可信赖的朋友。让人意外的是，他与当时没有任何权势的国王腓特烈威廉四世结盟，这与人们的猜测大相径庭。腓特烈威廉四世虽然身为国王，但个性软弱，明哲保身，经常对国会里的自由派让步。这种缺乏骨气的人，正是俾斯麦在政治上所不屑的。俾斯麦的选择的确让人费解，当其他议员攻击国王诸多愚昧的举措时，只有俾斯麦支持他。

1851年，俾斯麦的付出得到了回报，腓特烈威廉四世任命他为内阁大臣。他并没有满足于现状，仍然不断努力，请求国王增强军队实力，以强硬的态度面对自由派。他鼓励国王保持尊严来统治国家，同时慢慢恢复王权，使君主专制再度成为普鲁士最强大的力量。国王也完全依照俾斯麦的意愿行事。

1861年，腓特烈威廉四世逝世，他的弟弟威廉继承王位。然而，新的国王很讨厌俾斯麦，并不想让他留在身边。

威廉与腓特烈同样遭受到自由派的攻击，他们想吞噬他的权力。年轻的国王感觉无力承担国家的责任，开始考虑退位。这时候，俾斯麦再次出现了，他坚决支持新国王，鼓动他采取坚定而果断的行动对待反对者，采用高压手段将自由派人士斩尽杀绝。

尽管威廉讨厌俾斯麦，但是他明白自己更需要俾斯麦，因为只有俾斯麦的帮助才能解决统治的危机。于是，他任命俾斯麦为宰相。虽然两个人在政策上有分歧，但这并不会影响国王对他的重用。每当俾斯麦威胁要辞去宰相之职时，国王从自身利益考虑，便会做出让步。俾斯麦聪明地攀上了权力的最高峰，他身为国王的左右手，不仅牢牢地掌握了自己的命运，同时也掌控着国家的权力。

俾斯麦认为，依附于强势一方是愚蠢的行为，因为强势一方已经很强大，根本不在乎你的存在，也可以说根本不需要你；而与弱势一方结盟则更为明智，可以让别人因为需要你而依附你，让自己成为他们的主宰力量。他们不敢离开你，否则将会给自己带来危机，他们的地位会因此受到威胁，甚至崩溃。俾斯麦就是看准了这一点，才趁机登上了德国的政坛。

俾斯麦利用别人对他的需要创造了轰轰烈烈的人生，而有些人则利用别人对他的需要保住了差点丢掉的小命。

法国国王路易十一的宫廷中，养着许多占星师，其中有一位尤为与众不同。这位占星师曾预言一位贵妇会在三日之内死亡，结果预言成真。大家非常震惊，路易十一也被吓坏了。他想，如果不是占星师杀了贵妇证明自己预言的准确性，那就是占星师的法力太高深了。路易十一感到了巨大的威胁，于是决定杀掉占星师，以摆脱自己受制于人的命运。

路易十一下令士兵埋伏好，只要他一发出暗号，就冲出来将占星师杀死。占星师接到路易十一的召见，很快来到了王宫，路易十一见他便问："你自诩能看清别人的命运，那你告诉我，我能活多久？"占星师稍做思考，回答："我会在您驾崩前三天去世。"

占星师的话令路易十一震惊，为了保住自己的性命，路易十一没有发出杀掉占星师的暗号。占星师凭着路易十一对他的依赖与需要，不单保住了性命，还得到了路易十一的全力保护，路易十一聘请最高明的医生照顾他，享受了一生安康和奢华生活的占星师比路易十一多活了好几年。

想保全自己，并使自己有更大的发展，就要让别人依赖你、需要你，一旦离开了你，他的计划就无法进行，他的生活就难以继续。在这样的相互关系中，只需一个小小的举动，就能带来无数的感激。需要能带来感激，感激却未必能产生需要。

看透不点透，说话太直白容易伤和气

在人际交往中，有的事不必说得太明白，只要大家心知肚明就可以了。俗话说，"看透别说透"，因为事情说得太直白，反而会伤和气，或显得太无聊。懂得这个道理，在交际中自然游刃有余。

一日，老姜在县上巧遇好友老刘。寒暄之后，老刘说道："我正想去找你，没想到你就来了。"

"有什么我能帮上忙的？"老姜好奇地问。

"×镇的朱××诉H镇的周××赔偿一案，是你们受理的吧？"

"是啊。"

"周××是我的老乡。他是村里的致富能手，还帮助了好几个困难户，这人……"老刘说。

老姜插话笑道："你就不必介绍他的工作业绩了，我们又不是选拔干部。如果只看工作业绩，那如果遇上一件劳动标兵告贼的民事案子的话，岂不是连审判程序也不必进行，直接判劳动标兵胜诉就行了吗？"

"对对对。"老刘连连点头。

"很多人总爱把犯过错误的人看扁，而犯过错误的人又不敢激烈申辩自己的正确主张。你是明理之人，只要依法为他辩护即可起到维护其合法权益的作用。你说对吗？"老姜说。

"言之有理。"

一番说笑后，二人分手了。

老姜与老刘之间没有因为诉讼代理而产生半点隔阂。相反，那些事事追究到底，口无遮拦地说出心中所想的人，在很多时候往往会破坏原本融洽的关系。

一次会议上，张教授遇见了一位文艺评论家。互通姓名后，张教授对这位文艺评论家说："久仰久仰，早就知道您对星星很有研究，是大名鼎鼎的天文学家。"评论家半天没有反应过来，以为是张教授搞错了，忙说："张教授，您可真会开玩笑，我是搞文艺评论的，并不研究什么天文现象。您是不是弄错了。"张教授正言答："我可不是跟您开玩笑。在您发表的文章里，我时常看到您不断发现了什么著名歌星、舞台新星、歌坛巨星、文坛明星等众多的'星星',想来您一定是个非凡的天文学家。"弄得这位评论家尴尬不已,什么也没说,坐了一会儿就走了。

为人处世,需要练就一双"火眼金睛",有时也要做一只"闷嘴葫芦"。张教授以为自己看得挺明白,于是就对别人大加指责;而老姜则不同,他明白"看透不说透"的道理。这两种人处理事情的结果自然不同。

谁都会有出错的时候,如果只是一味地泄私愤、横加批评、说难听的话,总是数落对方"你怎么这么笨""你怎么总是这样""你这样做太不应该了"等,是不太妥当的。

当某人行事有问题时,他内心会有反省,觉得抱歉、恐慌、不知所措,此时如果你再批评指责他,那么他会因为你的谴责而羞愧难过,甚至从此一蹶不振,无法树立自信。如果换一种语气,比如"从今以后,你会做得比这次好",或者"我想,下次你一定不会再犯这样的错误了"等诸如此类的话,对方不仅会感激你对他的信任,同时会感受到你的真诚,更重要的是有了改正错误的信心,在今后的工作、生活中,必定小心谨慎。

超出别人的期待,吸引更多的注意

西方有句谚语:"工作中的傻子永远比睡在床上的聪明人强。"对于年轻人来说更是如此。想取得成功,只做到全心全意、尽职尽责是不够的,还应该比自己分内的工作多做一点,比别人期待的更多给一点，这样你就可以吸引更多的注意，给自我提升创造更多的机会。

如果种植一株小麦只能收成一颗麦粒，那种植小麦就是在浪费时间。但实际上从一株小麦上可收获许多麦粒，尽管有些麦粒不会发芽，但这并不妨碍将麦粒转变成食物，农民的收成必定多出他们播下的种子好几倍。

多付出一点点是一种经过几个简单步骤之后，便可付诸实践的原则。它实际上是一种你必须好好培养的习惯，你应使它变为做好每一件事的必要因素。

如果你是以不情愿的心态提供服务，那你可能得不到任何回报；如果你只是从为自己谋取利益的角度提供服务，那你可能连希望得到的利益也得不到。

卡洛·道尼斯最初为杜兰特工作时，职务很低，而几年后已成为杜兰特的左膀右臂，担任其下属一家公司的总裁。他之所以如此快速升迁，是因为他"每天多干一点"。

有人拜访道尼斯，并且询问他成功的诀窍。他平静而简短地道出了个中缘由："在为杜兰特先生工作之初，我就注意到，每天下班后，所有的人都回家了，杜兰特先生仍然会留在办公室里继续工作到很晚。因此，我决定下班后也留在办公室。是的，的确没有人要求我这样做，但我认为自己应该留下来，在必要时为杜兰特先生提供一些帮助。"

"别人下班后，杜兰特先生经常要找文件、打印材料，最初这些工作都是他自己来做的。很快，他就发现我随时在等待他的召唤，并且逐渐养成召唤我的习惯……"

杜兰特为什么会养成召唤道尼斯的习惯呢？因为道尼斯自动留在办公室，使杜兰特随时可以看到他，并且诚心诚意为杜兰特服务。

他这样做获得额外报酬了吗？没有。但是，他获得了更多的机会，使自己赢得老板的关注，最终获得了提升。

身处困境而拼搏能够产生巨大的力量，这是人生永恒不变的法则。如果你能在分内的工作基础上多做一点，那么，这不仅表现出你勤奋，还能提升你的能力，使你具有更强大的生存力量，从而摆脱困境。

社会在发展，公司在成长，个人的职责范围也在扩大，不要总是以"这不是我分内的工作"为由来逃避责任。当额外的工作分配到你头上时，不妨视之为一种机遇。

要成功，既要学习专业知识，也要不断拓宽自己的知识面，一些看似无关的知识往往会对未来起到巨大作用，而"每天多做一点"能够给你提供这样的学习机会。

多付出一点点的意义还在于强化自己的工作能力，并在工作上精益求精。如果你能抱着最佳心态，去执行你的任务，便能进一步强化你的技术。借着有规律的自律行动，你将会越来越了解多付出一点点的整个过程，并会在潜意识中产生对"高品质工作"的要求。即使你的投入无法立刻让你得到相应的回报，也不要失望和沮丧，因为回报可能会在不经意间，以出人意料的方式出现。为什么铁匠的手臂会比一般人强壮？为什么经常遭受暴风雨侵袭及阳光照射的树木会比其他树木粗壮？只有一个原因，那就是多付出一点，多成长一点。

发现别人的优势和长处，取其长补己短

"一个篱笆三个桩，一个好汉三个帮。""三个臭皮匠，顶个诸葛亮。"个体不同，就各有各的优势和长处，所以一定要善于发现别人的优势和长处，取人之长，补己之短。

一个人不能单凭自己的力量完成所有的任务，战胜所有的困难，解决所有的问题。须知借人之力也可成事，善于借助他人的力量，既是一种技巧，也是一种智慧。

很多事情就是这样的，当我们无力去完成一件事时，不妨向身边可以信任的人求助，也许对我们来说竭尽全力都干不好的事情，对他们来说却可能不费吹灰之力就能搞定。与其自己苦苦追寻而不得，不如将视线一转，求助于有能力解决问题的人，这样走向成功的过程自然会顺利不少。

一个小男孩在沙滩上玩耍。他身边有一些玩具——小汽车、货车、塑料水桶和一把亮闪闪的塑料铲子。他在松软的沙滩上修筑"公路"和"隧道"时，发现一块很大的岩石挡住了去路。

小男孩企图把它从泥沙中弄出去。他是个很小的孩子，那块岩石对他来说相当巨大。他手脚并用，使尽了全身的力气，岩石纹丝不动。小男孩一次又一次地向岩石发起冲击，可是，每当他刚把岩石搬动一点点的时候，岩石便随着他的力气用尽而重新返回原地。小男孩气得直叫，使出吃奶的力气猛推。但是，他得到的唯一回报

便是岩石滚回来时砸伤了他的手指。最后,他筋疲力尽,坐在沙滩上伤心地哭了起来。

这整个过程,他的父亲在不远处看得一清二楚。当泪珠滚过孩子的脸庞时,父亲来到了他的跟前。父亲的话温和而坚定:"儿子,你为什么不用上所有的力量呢?"

男孩抽泣道:"爸爸,我已经用尽全力了,我已经用尽了我所有的力量!"

"不对,"父亲纠正道,"儿子,你并没有用尽你所有的力量。你没有请求我的帮助。"

说完,父亲弯下腰抱起岩石,将它扔到了远处。

不要羞于向强者求助,有时对自己来说是天大的难事,对强者而言不过只需要动动手指头。甚至在另外一些时候,即使是竞争对手,也可为己所用。

借人之力,尤其对自己所欠缺的东西,更需要多方巧借。善于借助别人的力量,善于利用别人的智慧,广泛地接受大家的意见,多和不同的人聊聊自己的计划,多倾听别人的想法,多用点脑子来观察周遭的事物,多静下心来思考周遭发生的一些现象,将让你获益匪浅。

Part 5
说好难说的话,办好难办的事

借他人之口传达歉意

我们时常会犯一些过错，有的错误很小，却可能对他人造成严重的影响；有的错误比较大，但可能只会给他人造成一些无关痛痒的影响。当我们犯了错误时，通常只需要向对方表达歉意即可。

可是，当过错严重、对方对你成见很深时，当面道歉很可能被对方劈头盖脸地训斥一通，这时候对方只会发泄情绪，而难以接受道歉。所以，此时最好通过第三者先转达自己的歉意，让对方先消消气，然后等对方心情稍微平静之后，再去道歉。

现实生活中，不乏这样的情况，有些人明知自己错了，也想向对方表达歉意，然而由于自尊心太强，面子太薄，觉得当面道歉难为情，或者双方因为其他的原因不便对话。这时，就可以考虑巧妙地借用中间人，让中间人为自己传达歉意，兴许能收到比当面道歉还要好的效果。

巧借他人之口传达歉意，不仅可以保全致歉者的面子，对于接受道歉的人来说，当他了解了致歉者的良苦用心后，也可能会因为感动而不再生气。

使用这种技巧，有两个关键之处：

一是选择合适的第三人，最好是对方的好朋友；
二是你与第三人的交谈一定要恰到好处地表达自己的诚意，并且让第三人明白你的良苦用心，这样第三人才会替你传达歉意。

借他人之口传达歉意，这个第三人最好是双方都认识或者交好的朋友，也可以是领导。不论是朋友还是领导，道歉都要表现出你的诚意，如果你"犹抱琵琶半遮面"，何谈一个"诚"字？另外，也不要说推卸责任的话，如"要不是因为……他（她）也就不会……"这种一味强调对方原因的话，说得好像自己根本没有错，那又何须道歉呢？

绕个圈子，学会艺术地说"不"

拒绝别人是一件很难的事，如果处理得不好，很容易会影响彼此的关系，所以在拒绝别人的时候要学会艺术地说"不"。学会有艺术地说"不"，才是真正掌握了说话的艺术。

1. 通过幽默的话拒绝别人

在拒绝别人的时候适当地加入一些幽默成分，能不让对方难堪，你自己心里也不会有太多的内疚。

2. 推托其辞

例如你的一位同事请你吃饭，以便让你帮他做某件事，你不便直接说"不"，就可找个理由推辞。你可说家里或单位有事，因此没有时间过去。这时，别人一般就会明白你是什么意思了。

3. 用答非所问的方式

婉拒对方的建议，可以假装答非所问，使对方一听就知道你不想答应他的要求。如果你的一位朋友邀请你星期天去看电影，你不想去时可以说："看电影不如划船，咱们去公园划船吧。"

4. 拖延回答

例如你一位老乡对你说："你今晚到我这来玩儿吧。"你不想去时可以说："今天恐怕不行了，改天我一定会去的。"这样的话听起来比"没空，来不了"的回答，显然更容易被对方接受。至于下次什么时候来，其实也并没说清楚。

5. 先扬后抑

对于别人的一些想法和要求，可以先用肯定的口气表示赞赏，再来表达你的拒绝。这样不会伤害对方的感情，也为自己留下一条后路。如工作中同事邀请你参加你不想参加的额外工作："我很荣幸你考虑我参与这个项目，但是鉴于我目前的工作负荷，我不得不谢绝这个额外的任务。"

难以启齿的逐客令要讲得不动声色

有朋来访，促膝长谈，交流思想，增进友情是生活中的一大乐事，也是人生道路上的一大益事。宋朝词人张孝祥在跟友人夜谈后，忍不住发出了"谁知对床语，胜读十年书"的感叹。然而，现实中也会有与此截然相反的情形。下班后吃过饭，你希望静下心来读点儿书或做点儿事，那些不请自来的好聊分子又要扰得你心烦意乱了。他唠唠叨叨，没完没了，一再重复你毫无兴趣的话题，还越说越来劲。你勉强敷衍，焦急万分，极想对其下逐客令但又怕伤了感情，故而难以启齿。

如果你舍命陪君子，就将耽误很多事情，因为你的时间正在被别人占有着。鲁迅说："无端的空耗别人的时间，其实是无异于谋财害命的。"任何一个珍惜时间的人都会很反感被别人无端占用时间。

那么,怎样对付这种说起来没完没了的好友呢?最好的对付办法是,运用高超的语言技巧,把逐客令说得美妙动听,做到两全其美。要将逐客令下得有人情味,既不挫伤好话者的自尊心,又使其变得知趣。例如,暗示滔滔不绝的客人,主人并没有时间跟他闲聊胡扯时,与冷酷无情的逐客令相比,下面的方法就更容易被对方接受。

"今天晚上我有空,咱们可以好好畅谈一番。不过,从明天开始我就要全力以赴写述职报告了,争取这次能评上优秀工程师。"其含义是,请你从明天起就别再打扰我了。

"最近我妻子身体不好,吃过晚饭后就想睡觉。咱们是不是说话时轻一点儿?"这句话用商量的口气,传递着十分明确的信息,你的高谈阔论有碍女主人的休息,还是请你少来打扰。

有时那些不自觉的人对婉转的逐客令可能会意识不到。对这种人,可以用张贴纸条的方法代替语言,让人一看就明白。影片《陈毅市长》里有一位科学家,在自家客厅的墙上贴上了"闲谈不得超过三分钟"的大字,以提醒来客,主人正在争分夺秒搞科研,请闲聊者自重。看到这几个大字,纯属闲谈的人,谁还会好意思喋喋不休地说下去呢?

根据具体情况,我们可以贴一些诸如"我家孩子即将参加高考,请勿大声喧哗""主人正在自学英语,请客人多加关照"等纸条,制造出一种惜时如金的氛围,使爱闲聊者理解和注意。一般来说,纸条是写给所有来客看的,并非针对某一位,所以不会令某位来客过于难堪。

以柔克刚，正话可以反说

人们总是认为，口才好的人能在交际中左右逢源，随机应变。而不善表达的人常常会感到自惭形秽，认为自己不善于社交，对人际交往失去信心。其实在人际交往中，如何把话说得恰到好处才是成败的关键。

俗话说"良药苦口利于病，忠言逆耳利于行"，我们要把话说得恰到好处，何不用顺耳的忠言、温柔的言语来表达呢？回想一下，公园的草地边竖立的牌子，有的写着"小草默默含羞笑，来往游客莫打扰""百花迎得嘉宾来，请君切莫用手摘"，还有的则用诸如"禁止""罚款"等字眼。哪一种更能让游客坦然接受，使花草得到爱护，这是一目了然的。

不论是工作中还是生活中，一个人的能力毕竟是有限的，不可能把任何事情都做到十全十美，犯一些错误是在所难免的，同学之间、同事之间，如果真诚地提出善意的批评，对于双方都是有益的。对于他人的任何批评和帮助，我们要怀着诚意，虚心接受。但是，既然是批评，语言可能会尖锐一些，语气也会严厉一些，忠言逆耳或者顺耳，批评能否被接受，这取决于批评者说话的方式方法。

某公司总经理发现人力资源部小张写的总结有不妥之处。他是这样批评的："小张，这份总结总体来说写得不错，思路清楚，重点突出，有几处写得很有见地，看出你下功夫了。只是有几个地方说法不妥，有些段落言过其实，有的地方尚缺乏定量分析，麻烦你再修改一下。你的文笔不错，过去几次写总结也是越修改越好，相信你这次也一定能改出一个好总结来。"

这样说，小张会感到领导对自己很器重，充满期望和信任，就会很卖力地把总结改好了。人活一张脸，树活一张皮。一个人的自尊是最宝贵也是最脆弱的。很多沟通高手在批评别人时，都会选择委婉的方式。聪明人总是在发现对方的不足时，想办法找个机会私底下向他透露，而且批评也是较为含蓄的，甚至他会将批评隐藏在玩笑中，这样能让对方很容易地接受建议。

谈吐有趣，在笑声中摆脱窘境

在日常生活中，常有人由于不慎而使我们身处窘境，或是向我们提一些过分的请求，或是问一些我们不好回答或暂时不知道答案的问题。此时，我们如果直接表明"不可能"或"无可奉告""不知道"，往往会给彼此带来不快。如果我们想从窘境中脱身而出，不妨借用幽默的力量。

有一次，英国议会议员里德在一篇演讲将近结束时，突然有一个人的椅子腿断了，那个人跌倒在地上。如果这时做演讲的不是像里德这样反应迅速的人，恐怕当时的局面会对演讲产生一种破坏性影响。聪明的里德马上说："各位现在一定可以相信，我提出的理由足以压倒别人。"就这样，他立刻就恢复了听众的注意力，而那个跌倒的人也在众人善意的笑声中，找到了新座位。

这个故事给予我们的启迪是，恰到好处的幽默能够使双方从窘迫的情形中脱身，里德就是依靠这一点化解了演讲中的尴尬。

面临不好回答的问题，又不能以"无可奉告"进行简单的说明，不妨找一个大家都能领悟的笑话来阐述，这样可以转移对方的视线。

在一次记者招待会上，有人向基辛格提出了一个所谓的程序性问题："到时，你是打算点点滴滴地宣布呢，还是倾盆大雨地、成批地发表协议呢？"

基辛格沉着地回答："你们看，他要我们在倾盆大雨和点点滴滴之间任选一个，无论我们怎么办，总是坏透了。"他略微停顿了一下，一字一板地说："我们打算点点滴滴地发表成批的声明。"在一片轻松的笑声之中，基辛格解答了这个棘手的问题。

生活离不开交流，而每一个交流都可能会产生融洽与对立两种情况，一旦身处窘境，面对无礼要求或做不到的事情，就像站在悬崖上，前面是深渊后面是追兵。此时婉言拒绝或摆脱便成了我们必须掌握的一种说话方式，而灵活的头脑和幽默的谈吐就好像让我们生出了翅膀，顺利飞跃到高处，摆脱进退维谷的境地。

遭遇尴尬时故意说"痴"话

我们在不同的场合都有可能遭遇尴尬。尴尬的表现形式不一样，应对方式也有差别。用语言应对的一种很好方式，就是佯装不知，故说"痴"话，好像这种尴尬从来没发生过一样。

小玲在一次聚会上第一次穿高跟鞋和超短裙，还化了比较浓的妆。朋友们见她这样打扮，一片惊呼，自然而然地，她成了聚会的焦点之一。年轻人聚会的一项必不可少的活动就是跳舞，高跟鞋和超短裙肯定是不方便跳舞的；何况小玲还是第一回穿。开始她不愿意下舞池，后来在朋友们的劝说之下勉强跳了一会儿，谁知却出了问题，一个鞋跟扭断了，短裙也不小心撑裂了，她只好装作没事一样，一瘸一拐地回到座位上。

一个女孩看见了，忙跑过来问她怎么回事，她回答说脚扭了。女孩关心地弯下腰去看。"啊，你的鞋跟断了哎。真是的，怎么这么倒霉啊。哇，你的裙子怎么……好了，大家都是朋友，谁都不会笑话你的，我也会给你保密的。你就在这儿坐着好了，待会儿结束了我陪你回家。"说着，那位女孩又下了舞池，小玲沮丧地坐在那里。

一曲终了，大家都下场休息，一个男孩过来坐到了小玲对面，小玲生怕被他发现自己的糗事，赶忙说脚有点不舒服，说着把鞋跟没有问题的右脚挪到身前。男孩并不看她的"伤势"，只是叫了两杯饮料，说："跳舞很累吧，你平时看起来挺文弱的，一定小心啊。这种激烈运动连我都浑身湿透，你肯定更累吧。以后多锻炼锻炼，再穿上今天这么漂亮的衣服，那效果肯定很棒。"两个人聊了半天，男孩始终没有提起她的"脚伤"。其实他早就看到是怎么回事，为了不让小玲尴尬，装作不知道，让小玲长长地舒了一口气。

这位男孩就是运用了"佯装不知"的技巧，避免了尴尬。

社交场合，许多人遭遇尴尬后，即使假装不在意，心里还是会有个疙瘩，因为对每个人来说，面子都是非常重要的。所以，有时候当别人遭遇尴尬，你的安慰可能只会让对方感觉更没有面子。在这种情况下，故作不知，说一句痴话，让当事人释怀才是最好的方法。

实话要巧说

在生活中，人与人之间交流是避免不了的，同时说话的双方彼此都希望对方能对自己实话实说。但在某些特定的场合，顾及面子、自尊，以及出于保密等需要，实话实说往往会令人尴尬、伤人自尊。因此，实话是要说的，却应该巧说。

两个人的意见发生了分歧，如果实话实说直接反驳，就有可能伤了和气，这时候需要巧妙地表达自己的意见。

一次事故中，主管生产的副厂长老马左手手指受了伤被送往医院治疗，厂长老丁来看望时，谈到车间小吴和小齐两个年轻人技术水平还行，但组织纪律观念较差，想让他们调换岗位一事。老马当时没有表态，突然捧着手"哎哟哎哟"。丁厂长忙问："疼了吧？"

老马说:"实在太疼了,干脆把手锯掉算了。"丁厂长一听忙说:"老马,你是不是疼糊涂了,怎么手指受了伤就想把手给锯掉呢。"老马说:"你说得很有道理,有时候,我们看问题,往往因重视了一方面而忽视了另一方面啊。老丁,我这手受了伤需要治疗,那小吴和小齐……"丁厂长一下子听出老马的弦外之音,忙说:"老马,谢谢你开导我,小吴和小齐的事我知道该怎么处理了。"

老马用手有伤需要治疗类比人有缺点需要改正,进而巧妙地把用人和治病结合起来,既没有因为直接反驳丁厂长伤了和气,而且维护了团结,成功地解决了问题。

说话是一门应当用心钻研的艺术,说实话需要语言的修饰,要巧妙地表达自己的意思,尤其是说一些否定的话时,更要用心选择恰当的方式。

林肯当总统期间,一位朋友向他引荐某人,想让其成为内阁成员,林肯早就了解到该人品行不好,所以一直没有同意。朋友生气地问他,怎么到现在还没结果。林肯说:"我不喜欢他那副长相。"朋友一惊,道:"什么!那你也未免太严厉了,长相是父母给的,也怨不得他呀。"林肯说:"不,一个人超过40岁就应该对他那副长相负责了。"朋友当即听出了林肯的话中话,再也没有说什么。

很显然,这里林肯所说的"长相"和他朋友所说的"长相",根本不是一回事。林肯巧妙地利用词语的多义性,道出了"这个人品行道德差,我不同意他做内阁成员"这句大实话,既维护了朋友的面子,又达到了自己的目的。

打破与陌生人无话可说的尴尬

气质清新可人的文玲，眉宇间却总透出淡淡的忧伤。原来她不习惯和陌生人相处，经常弄得自己和别人都很尴尬。

文玲从小就很内向，进入高中后，更是天天埋头于学习，很少和同学交流；大学四年，她从不参加学校活动。大学毕业后，她顺利地进入一家公司，但工作一个月后，公司就以业务能力不强为由将她辞退。她又来到某广告公司工作，但感到工作很吃力，没过多久也离开了。

踏入社会的两次努力都失败了，她变得越来越沮丧，于是天天把自己关在屋里，不见人也不愿和人说话，最后连见外人的勇气都没有了。

文玲的父母看到这种情况，非常着急，他们想尽办法开导她，还带她去看心理医生。在医生和父母的帮助下，她提起勇气又参加了一次人才招聘会，幸运地被一家公司录用为职员。

此后，她信心大增，将微笑带入新的工作岗位。虽然她仍然不善言辞，可是这次却被大家认为是为人正直、作风正派、有涵养的女孩。不久之后，她就能和不熟悉的人自然相处了。

其实，很多人都有过文玲这样的经历，不知道如何与陌生人交往，或者与人相处时不知道说些什么。处于这种状态的人，在独处的时候，往往会突然想到"那天我很唐突地说了那样一句话，真是不该"，或者是"我当时怎么那么呆头呆脑的，真是破坏气氛啊"，并且为此后悔不已。可是，世上没有后悔药可买，人们只好提醒自己，下次不可以再犯。可是这种行为，经常弄得自己很紧张，更加惧怕与陌生人相处。

怎样避免这种尴尬呢？这里教你三招秘籍，只要你明白了其中的诀窍，那么无论在职场、在聚会中，还是在朋友身边，你都可以轻而易举地跨过人与人之间的心理栅栏，做个能说会道、善解人意的贴心人。

第一招，与陌生人相处时，只要你能发自内心地微笑，就能与他人架起一座沟通的桥梁。

第二招，察言观色，最好能从细微之处入手，看能否找出对方也感兴趣的话题。

第三招，如果确实觉得自己拙于言辞，不妨先做一个友好的倾听者，让他们多说一点，而后可以适当地提出自己的疑问，一般对方都会很乐意为你解答的，这样就可以顺利地开启与陌生人之间的话题了。

应对嫉妒，低调是最好的策略

生活中常出现这样的情况，比如准备了好长时间的计划书终于呈报老板了，在立项会议上各部门主管一致赞许，老板对你更加赏识。这时的你必然是春风得意，难掩喜悦之色，但在兴奋愉悦之际，也许正是"自埋炸弹"之时。

因为自己的得意往往会招来他人的嫉妒。也许有人会说："看来,老板就只信任你一个人啊。""经理这个位置非你莫属了。""他日高升之后,千万别忘记我啊!""你的聪明才智,公司里无人可及!"听到这些话语,切莫被恭维话冲昏头脑,聪明的人必须是理智的,你要告诉他们:"不要乱开玩笑啊,公司有那么多人才呢。""我的意见只是一时灵感,没什么特别的。""我还有很多东西要学。"

让别人嫉妒就等于无端树敌,那么,如何才能处理好这些关系,保护好自己呢?最好办法就是保持低调,要处处表现得虚心、容易知足,要与同事之间保持良好的关系。

低调的姿态是获取他人好感所必需的,大多数人欣赏的是低调为人的人。低调为人可以避免小人的妒忌之心,避免闲言碎语。在低调为人的同时,不妨给自己立下更大的奋斗目标,保持始终拼搏的劲头,一步步迈向成功的更高峰。

博得领导的同情,从而获得帮助

人都有恻隐之心,领导当然也有。求领导办事能获得应允,有时恰恰是这种同情心起了作用。下属之所以找领导帮忙,是因为在工作中、生活中遇到了困难,比如,经济困难、住房困难、子女就业困难等。找领导办事,说到底也就是想让他帮助解决这些困难。要想把事情办成,最好的方法就是把这些苦衷原原本本、不卑不亢地向你的领导倾吐出来,让他对你的境遇产生同情,从而帮助你把问题解决掉。

要激起领导同情,就需要把自己所面临的困难说得在情在理,令人同情。所以,越是给自己带来遗憾和痛苦的地方,则越应该细致描述。这样，领导才愿意以助人为乐的姿态（或者说有理由）向你伸出援助之手，帮助你解决那些难题。

要引起领导的同情，还必须了解领导的个人喜好。他赞扬什么、批评什么，又讨厌什么，了解他的情感倾向和对事物善恶的评判标准。了解了这些，你就可以围绕着领导的喜好来唤起他的同情心。当引起对方感情的共鸣时，就一定会收到较好的效果。

某市房地产开发公司新竣工了一幢职工宿舍楼，按照刘某的级别和工龄，他只能分到一居室，但他确实有许多具体困难，自己和爱人、小孩挤在一间10平方米的小房子，倒也还凑合，可他乡下的父母来了，就不方便了。于是刘某只好去找经理，一开口就对经理说："经理，如果您公司有人把年老体弱的父母丢在一边不管，您认为该不该？"

"当然不该！是谁这样做？这还算是人吗？"经理非常愤怒，一脸的义愤。

"经理，这个人就是我。"刘某垂着头，无可奈何地说。

"你为什么这样做？平时我是怎么教育你们的？要你们孝敬老人，你竟然……"

刘某耐心地听爱啰嗦的经理数落完，才缓缓开口说："常言说道，养儿防老，我父母就我们两个孩子。姐姐出嫁了，条件也不好，况且，在我们乡下，有儿子的父母，没有理由要女儿、女婿养老送终，这是会被人耻笑的，除非他的儿子是个窝囊废。可我不是窝囊废，我是个大学生，又进了这样一家有名气、有口碑的好公司，在你这位能干、有威信的领导手下工作。一辈子含辛茹苦的农村父母，培养一个大学生多不容易呀，乡亲们都说我父母有福分，今后有享不尽的福。可是我现在，一家三口住在一间平房里，父母来了，连个睡觉的地方都没有。想把父母接到城里来,自己又没有条件;不接过来,把两个年老体弱的老人留在乡下,我心里时常像刀割般难受。我这心里一想起我可怜的父母……"刘某说到这里,流下了伤心的泪水。

"小刘,可你的条件只能分到一居室……"经理犹豫着说。

"我知道我来公司时间短,我也不好强求经理分给我两居室。如果经理体恤我那年老多病的父母,分给我一套面积大一点的一居室就行,我父母来了,放个床就行了。如果经理实在为难,我也不勉强,我再想想别的办法。"

经理沉默不语。

刘某知道经理在犹豫,于是趁热打铁地说:"您可以把我的具体困难在公司范围内公示,以得到大家的理解,我觉得咱们公司的人都挺有爱心的。另外,超出标准的面积,我可以按市价交纳房租。"

"小刘,你不要说了,我尽量给你想想办法。"

几天后,刘某拿到了新房的钥匙,是新房中面积最大的一居室。

由此可见,求领导办事可以在"情"上激发他。从上级切身感受过的事情入手,在人之常情上下功夫,把自己所面临的困难说得在情在理,令人同情惋惜。

让清高傲慢的人放下架子来帮你

生活中自视清高、目中无人的人并不少见,他们总是表现出一副唯我独尊的样子,以一种居高临下的态度对待周围的人和事。与这种举止无礼、态度傲慢的人打交道，实在是一件令人难受的事情。

清高傲慢者往往自以为本事大，有一种至高无上的优越感，总以为自己很了不起，别人都不如自己。他们说话常常言语中带刺，做事我行我素，表现出强烈的自信甚至是自负心理，对别人则是不屑一顾，别人的意见与建议往往都置若罔闻，凡事都认为只有自己做得对，对别人持怀疑与不信任的态度。

与清高傲慢者打交道，我们应该掌握方法，要从如何使自己的事情办成为出发点来选择方式方法。例如，与清高傲慢者打交道是最容易遭受冷遇的，这时可采取类似针锋相对的方法，即以不卑不亢的态度，揪住对方之要害予以指出，打掉他清高孤傲的心理基础，这时对方只得放下架子，在同等地位上认真地与你交往。

一次，美国石油大王洛克菲勒的儿子小约翰·戴维森·洛克菲勒，代表父亲与钢铁大王摩根谈判关于梅萨比矿区的交易事项。摩根是一个傲慢专横、喜欢支配别人的人。当他看到年仅27岁的小洛克菲勒走进他的办公室时，摩根不以为意，继续和一位同事谈话，直到有人通报介绍后，摩根才对小洛克菲勒瞪着眼睛大声说："噢，你们要什么价钱？"

小洛克菲勒并没有被摩根的盛气凌人吓倒，他盯着摩根，礼貌地答道："摩根先生，我看您一定有些误会。我来这里不是为了出售那个矿区，相反，我的理解是您想要买。"摩根听了他的话，目瞪口呆，沉默片刻，改变了声调。最后，通过谈判，摩根答应了洛克菲勒定出的售价。

在这个故事中，小洛克菲勒就是抓住了问题的关键，摩根急于买下梅萨比矿区，再直接一语点出，从而既出其不意地直戳对方的要害，说明实质，同时也表现出勇气和平等交往的尊严，使摩根意识到自己应认真平等地交流。

与性情暴躁的人合作办事，要以柔克刚

在工作或生活中，我们时常会遇到性情暴躁的人。他们通常好冲动，做事欠考虑，思想比较简单，喜欢感情用事，行动如急风暴雨，以致许多人都不愿意和他们交往。与这种人打交道，应该谨慎，否则稍有得罪，他便捶胸顿足，怒不可遏。

脾气暴躁的人，容易兴奋，容易发怒，自我控制力差，动不动就发火，但这种人往往心直口快，不会搞阴谋诡计。而且他们重感情、讲义气，如果对他们以诚相待，他们便会视你为朋友。

如何对待脾气暴躁者的急躁与粗暴呢？遇上脾气暴躁的人冒犯你时，你一定得保持头脑冷静，一笑了之是不错的办法。这种"一笑了之"的笑，可以是泰然处之的微笑，可以是表示藐视的冷笑，也可以是略带讽刺的嘲笑……当然，最好是泰然处之的微笑，它不仅可以使自己摆脱尴尬的局面，而且可以让对方知难而退，避免事态恶化。

歌德有一次在公园散步，迎面碰到一个曾对他作品提出尖锐批评的评论家。那位评论家性格急躁，他对歌德说："我从来不给傻子让路。"

"而我相反。"歌德幽默地说，然后就站到了路边。

于是，歌德避免了一场无谓的争吵。

一句幽默的话语，一个微笑，往往是与脾气暴躁的人相处的必备技巧，同时赞扬也可以助你一臂之力。这种人一般比较喜欢听奉承话，因此我们要不失时机、恰如其分地给予他们一些赞扬。与脾气暴躁的人交往，宜多采用正面的方式，而谨慎运用反面的、批评的方式。

求沉默寡言者办事要直截了当

生活中不乏一些沉闷的人，他们总是沉默寡言、性格比较倔强。与他们交谈办事时，人们总是会感到沉闷和压力。

有一位新闻记者，他文笔很好，就是不喜欢说话，你问他什么，他都是含糊其词或者沉默以对，不肯多吐露一个字。当有人给他介绍广告客户时，他也只是淡然地说声："噢！是这样啊。"然后就不再言语，只顾低头写稿子，你根本不知道他对这件事情到底抱有什么样的态度。

其实，沉闷的人大多有比较明显的"闭锁心理"，他们既苦于无人知晓他们的心事，又不情愿让人真正知晓自己的心事。而且，他们的自尊心特别强，他们不仅关注自己的发展，要显示自己的价值，而且还会对周围的人关于自己的评价异常敏感，并常常为此产生较大的情绪波动。他们希望从别人对自己的态度及评价中了解自己，懂得借助外部折射来认识自己，尤其是领导的重视、同事的尊重。作为合作共事的人，应该持以诚心，对他们的行为予以客观公正的评价，往往会引起他们的反思，从而产生与人交流的愿望。

当我们求比较沉闷的人办事时，最好不要拐弯抹角，而应直截了当，这样办事成功的可能性会大大提高。比如，你说："行，还是不行？""是A还是B？"这样问你就会得到一个明确的答案。如果你不采取这种方式，而问他"你觉得怎样做更合适呢"，那你就甭想他给出明确的答复。

面对沉闷的人，一些性格外向活泼的人为了活跃气氛，打破沉闷的局面，会故意找话题，其实没有必要。沉默寡言的人之所以这样，可能是出于某种心事而不愿多言。此时，我们应该尊重对方，让其保持一种自我存在的方式。如果我们故意地没话找话说，东拉西扯，与对方闲谈，只能引起对方的反感和厌恶。

初入职场，说话要谦虚低调

你从一个环境转到一个新环境，面对新的上司和同事，从事的工作有时也与你以往做过的不大相同，这无形中会在你的内心造成一种负担，仿佛人海茫茫，你却在一个孤岛上，不知道如何才能使自己投入人群之中并被大家所接纳。

到了一个新环境，要在同事之间建立良好融洽的关系，这时你要小心谨慎，以免因说话不当，使对方误解，甚至产生隔阂。那么初到公司，该怎么和同事交流呢？

小李是某大学新招聘来的教师，对最新的教育理论有较深的研究，但他缺乏教学经验，对学校和学生的情况不熟悉，为了改变自己的处境，他坦诚地向同事们谈论自己的劣势，并请同事们多多指教。就这样，小李自曝短处后，很快得到了同事们的理解和帮助，工作打开了局面。

如果你在公司中担任管理职务，自然是可喜可贺的事。如果别人跟你客套几句，你就马上陶醉而喜形于色，这会在无形中让别人心生嫉妒。所以，面对同事的赞许恭贺，应谦和有礼、虚心低调，这样不仅能显示出自己的君子风度，淡化同事对你的嫉妒，而且能博得同事对你的敬佩。

有的年轻人，初入职场，说话"慷慨激昂"，甚至锋芒太露，一般在一个单位都待不久。

一位大学生毕业后应聘到一家工厂，起初很得领导赏识，但好景不长，不到三个月，车间主任就对他越来越冷淡了，他怎么也弄不明白其中的原委。

经一位好心师傅点拨，他才恍然大悟：原来他刚走出学校，讲话爱用专业术语，而车间主任是中专毕业生，最烦别人在他面前咬文嚼字。这位大学生忽视了别人的感受，而使自己处于不利位置。

俗语说"小心驶得万年船"，同样，我们也可以说"谦虚能行万里路"。初来乍到的你必须要谦虚低调，你的路才有可能走得更远。职场上的路是靠自己走出来的，只要你诚恳、虚心并主动向他人伸出友谊的手，他们也一定会张开双臂欢迎你。

让合理建议的表达更有效

小徐年轻干练、活泼开朗,进公司才三年就成为部门里的主力干将。几天前,新总监走马上任,刚走进办公室,就把小徐叫了过去:"小徐,你经验丰富,能力又强,这里有个新项目,你就多费心盯一盯吧。"

受到新总监的器重,小徐欢欣鼓舞。恰好这天要去某市谈判,小徐想,一行好几个人,坐火车不方便,人也受累,会影响谈判效果。那就打车吧,一辆坐不下,两辆费用又太高;还是包一辆车好,经济又实惠。

主意定了,小徐却没有直接去办。几年的职场生涯让他懂得,遇事向总监汇报一声是绝对必要的。于是,他来到总监跟前说:"总监,您看,我们今天要出去……"小徐把几种方案的利弊分析了一番,接着说:"所以呢,我决定包一辆车去。"汇报完毕,小徐发现总监的脸色不知道什么时候黑了下来。他生硬地说:"是吗?可是我认为这个方案不太好,你们还是坐长途车去吧。"小徐愣住了,他万万没想到,一个如此合情合理的建议竟然被总监否定了。

"没道理呀!傻瓜都能看出来我的方案是最佳的。"小徐大感不解。

有一位朋友工作多年,他告诉小徐,凡事多向领导汇报的意识是很可贵的,错就错在措辞不当。因为小徐说的是"我决定包一辆车",在领导面前,说"我决定如何如何"是最犯忌讳的。

如果小徐能这样说："总监，现在我们有三个选择，各有利弊。我个人认为包车比较可行，但我做不了主，您经验丰富，请您帮我们拿个主意吧。"领导听到这样的话，绝对会做个顺水人情，赞成这个建议的。

上司永远是决策者，下属永远是建议者。有什么要求只能用商量的口气提出来，让他感觉决定权在自己手里，只有这样上司才有可能同意你的要求。决不可以自己先做了决定再去向上司提出来，"先斩后奏"的人是不会被喜欢的。

如何消除下属对你的敌意

做好管理工作真的不容易，有人说做事容易做人难，管得多了不但没有效果，反而会影响彼此的人际关系；管得少了虽然能保住彼此的感情，但是又会影响工作效率。

身为领导，有时免不上要说下属几句，让下属感觉不愉快，这是造成领导与下属彼此对立的重要原因。因此作为领导，对下属说话时，注意方式、掌握分寸很重要。上司不应当仅仅看到下属的工作情况和成绩，还应当了解他们内心的烦恼。因此，上司讲话时要慎重，注意不要伤害下属的感情。上司讲话与提问的方式是极为重要的，如果掌握不好，就可能使下属与你产生对立情绪。看看下面的对话方式：

上司：喂，你最近的表现可不太好啊！

下属：可是我已尽了最大努力了。
上司：努力？我怎么看不出来你在努力。
下属：我难道不是在工作吗？
上司：你怎么能用这种态度说话？
下属：那你要我怎么说呢？
上司：你太自以为是了，这就是你的问题所在。

上司这样对下属说话，很容易让下属对你产生不满，甚至产生敌意，不利于以后工作的开展和公司的团结。如果上司换一种说法方式，效果就会完全不同。

上司：喂，你最近的表现可不太出众啊，这不像你一贯的作风。
下属：我已经尽量努力了……
上司：是不是有什么心事？
下属：实际上……我妻子住院了。
上司：是吗？你怎么不早说，家里出了事应当早点告诉我，要不就先请几天假，好好在家照顾一下病人。
下属：好在已经没有什么大问题了。
上司：噢，那就好。如果有什么困难，尽管来找我。

在这里，上司表现出了体贴下属的心意，又注意到了不强压人低头，所以下属自然会十分感激。上司与下属沟通，甚至批评下属时，都要注意说话的方法，光是自认为理由充足可不行，还要掌握对方的心理特点，使对方心甘情愿听你的，千万不可让对方对你产生敌意。

巧妙应对不让人省心的下属

上司与下属的关系常常很微妙，作一个好下属难，但做一个能服众的好上司更难，因为上司不仅要面对来自更高级别上司的工作压力，还要面对自己下属时不时的"刁难"。

所谓不让人省心的下属，就是那些上司难以与其相处或难以对付的下属。一般来说，不让人省心的下属主要有四种类型：有敌意的下属、逞强的下属、玩弄心机的下属、心有不满的下属。因此，对付不同的不让人省心的下属应采取不同的策略。

鲍勃是一家大企业的班组长，手下管着十来号人，虽然每次他都能把上级交给的工作完成得井井有条，但上级却不太喜欢他，甚至有点烦他，但对他又无可奈何。为什么会这样呢？原来每次上级部门给他这个班组布置生产任务时，他总是会心怀不满地抱怨说："我每个月就拿这么一点点薪水，凭什么要交给我这么多任务？"

后来，这事被分公司的总经理知道了，便立刻派人对鲍勃的工作情况进行详细考察。得出最终的结果后，他不仅没有批评鲍勃，反而提升鲍勃为他所在部门的副经理。果然，鲍勃上任不久，就把这个原本效益不好的部门管理得有条不紊，利润也增加了许多。并且，鲍勃对于上级交给的任务也不再心怀不满，没有任何抱怨了。

作为管理者，对下属的品质、知识水平、工作能力、性格特点等各方面都应有所了解，这样才能充分运用他们每个人的优势，使他们都能在自己的工作岗位上尽可能地发挥才能。对脾气性格有小毛病小问题的下属，要格外关照和注意，因为他们的工作态度和习惯不但影响自己的工作效率，也将影响其他人员的工作情绪。管理者应尽可能地与各种性格的下属保持良好的关系，做好沟通工作。

Part 6
把握分寸，掌握尺度，说话办事要得体

时机未到时就得保持沉默

哲学家说，沉默是一种成熟；思想家说，沉默是一种美德；教育家说，沉默是一种智慧；艺术家说，沉默是一种魅力。我们知道，在人际交往当中，沉默是一种难得的心理素质和可贵的处世之道，当然，任何事情又都不是绝对的。

在不同的场合环境中，人们对他人的话语有不同的感受、理解，并表现出不同的心理承受力。正因为受特殊场合心理的制约，有些话在某些特定环境中说比较好，但有些话说出来就未必好。同样的一句话，在此说与在彼说的效果就不一样。因此，说什么，怎么说，一定要顾及说话的环境，如果环境不适宜，时机未到，最好的办法是保持沉默。

日本公司同美国公司正进行一场贸易谈判。

谈判一开始，美方代表滔滔不绝地向日商介绍情况，而日方代表则一言不发，埋头记录。

美方代表讲完后，征求日方代表的意见。日方代表恍若大梦初醒一般，说道："我们完全不明白，请允许我们回去研究一下。"

于是，第一轮会谈结束。

几星期后，日本公司换了另一个代表团，谈判桌上日本新的代表团申明自己不了解情况。

美方代表没有办法，只好再次给他们介绍了一遍。

谁知，讲完后日本代表的态度仍然不明朗，要求道："我们完全不明白，请允许我们回去研究一下。"

于是，第二轮会谈又告休会。

过了几个星期后，日方再派代表团，在谈判桌上故伎重演。唯一不同的是，这次，他们告诉美方代表一旦有讨论结果立即通知美方。

一晃半年过去，美方没有接到通知，认为日方缺乏诚意。就在此事几乎不了了之之际，日本人突然派了一个由董事长亲率的代表团飞抵美国开始谈判，抛出最后方案，以迅雷不及掩耳之势逼迫美方加快谈判进程，使人措手不及。

最后，谈判达成一项明显有利于日方的协议。

这场谈判成功的关键在于一句俗话"会说的不如会听的"，听出门道再开口，而开口便伤对方"元气"，不很高明吗？

在生活中，我们有时故作"迟钝"未必不是聪明人，"迟钝"的背后隐藏着过人的精明。有人推崇一种"大智若愚型"的艺术——意即在商业活动中多听、少说，甚至不说，显示出一种"迟钝"。其实这样做的目的是为了获得最大的利益。少开口，不做无谓的争论，对方就无法了解你的真实想法；反之，你可以探测对方动机，逐步掌握主动权。这时候的沉默，实际是"火力侦察"。

受到攻击时，沉默是最好的方法

雄辩如银，沉默是金。在我们的生活中，有些时候确实是沉默胜于雄辩。与得体的语言一样，恰到好处的沉默也是一种语言艺术，运用好了常会收到"此时无声胜有声"的效果。

假如我们在生活中遇到个别强词夺理、无理辩三分或者出言不逊、恶语伤人的人，与之争辩是非或是反唇相讥，往往只能招来他们变本加厉的胡搅蛮缠。对付这种人的最好办法往往不是以眼还眼、以牙还牙，而是保持沉默。这种无言的回敬常使他们理屈词穷，无地自容，正如鲁迅先生所说："沉默是最好的反抗。"

国外某名牌大学，发生过老师和校长反目的情形，该校校长遭到许多老师的围攻。但是，无论教师说什么，这位校长始终不开口，双方僵持了几个小时后，教师们终于无可奈何地走了。这位校长保持沉默，实际上也是一种反抗，同时又给对方一种高深莫测的感觉，从而造成心理上的压迫感。由此看来，"沉默是金"确有一定道理。

当对方出于不良动机对你进行人身攻击，并且造谣诽谤时，如果予以辩驳反击，又难以分清是非，这时运用轻蔑性沉默便可显示出锐利的锋芒。你只需以不屑的神情嗤之以鼻，就足以把对方置于尴尬的境地。

某单位有两个采购员，田宁因超额完成任务而受奖，郑伟却因没尽力而被罚。但郑伟不反省自己的问题，反而说三道四。在一次公众场合，他含沙射影地说："哼，不光彩的奖励白给我也不要！有酒有烟我还留着自己用哩，拍马屁？咱没有学会！"

田宁明白这是在骂自己，不免怒火顿升，本想把话顶回去，可是转念一想觉得如果和他争吵，对方肯定会胡搅蛮缠，反而助长其气焰。于是他强压怒火，对着郑伟轻蔑地冷笑一声，以不值一驳的神色摇了摇头，转身离去，把郑伟晾在一边。

郑伟的脸红一阵白一阵的，窘极了。

众人也哄笑道："没有完成任务还咬什么人？没劲！"至此，郑伟已经无地自容。

在这里，田宁的轻蔑性沉默产生的批驳力比之用语言反驳，显得更为有力、得体，更能穿心透骨。

沉默像乐曲中的休止符，它不仅是声音上的空白，更是内容的延伸与升华。它是一种无声的特殊语言，是一种不用动口的口才。

别人论己时切莫打断

在大多数场合下，注意聆听别人的谈话非常重要。当听到别人谈论自己的时候，很多人容易犯这样的错误，一旦别人谈到自己，尤其是不利于自己的情况时，就会打断别人，进行争论。其实，这是最不明智之举。

伊利亚·爱伦堡的长篇小说《暴风雨》出版后，在社会上引起震动，褒贬不一，莫衷一是。某报主编不知从哪里得到了斯大林对《暴风雨》的看法——认为此书是"水杯里的暴风雨"。

据此，主编就组织编辑部人员讨论这部小说，以表示该报的政治敏锐性和高度的警惕性，表明该报鲜明的立场。

讨论进行了数小时，发言人提出不少批评意见。由于主编的诱导，每篇发言言辞都辛辣而尖刻，如果批评成立的话，都足以让作家坐几年牢。可是在场的爱伦堡极为平静，他听着大家的发言，显出令人吃惊的无动于衷的态度，这使与会者无法忍受，纷纷要爱伦堡发言，并要求他从思想深处批判自己的错误。

在大家的再三催促下，爱伦堡只好发言。他说："我很感谢各位对鄙人小说产生这么大的兴趣，感谢大家的批评意见。这部小说出版后，我收到不少来信，这些来信中的评价与诸位的评价不完全一致。这里有封电报，内容如下，'我怀着极大兴趣读了您的《暴风雨》，祝贺您取得了这么大的成就。——约瑟夫·斯大林。'"

主编的脸色很难看，以最快的速度离开会场，那些批判很尖刻的评委们，都抱头鼠窜了。爱伦堡轻轻地摇摇头："都怨我，这么过早的发言，害得大家不能再发言了。"

爱伦堡的聪明在于，如果他据理反驳，必能激起同仁们更加尖锐的批评，这种场合，最明智的做法就是保持沉默，褒贬随人。

沉默的力量是无边的，它可以帮你说服反对你的人，让你向成功迈进。所以我们要学会沉默，学会在别人论己时保持沉默。

恰当运用沉默的方式

在特定的环境中，沉默常常比论理更有说服力。我们说服人时，最头痛的是对方什么也不说。反过来，如果劝者保持沉默什么也不说，被劝者的抱怨或无知就找不到市场了。

不同的沉默方式有不同的作用，运用时必须恰到好处。

1. 不理不睬的沉默可让人摆脱无聊的纠缠

当你正为自己的事情忙得不可开交的时候，同事却不知趣地想跟你闲聊，或者有推销员厚着脸皮赖着不走，或者有人找你去做你不想做的事情。这时，你应尽可能对他们一言不发，不理不睬。过一会儿，他们见你无反应，定会识趣地悻悻走开。

2. 冷漠的沉默能使犯错误者认错改正

有一个出身于有教养家庭的小学生，一天他拿了同学一件好玩的玩具。晚饭前回来后，他装出一副若无其事的样子，同往常一样笑吟吟地说："妈妈，我回来了！""姐，我饿了。""怎么了？"沉默。"我没做错事啊！"还是沉默。妈妈眼睛瞪着他，姐姐背对着他，全家都冷冰冰地对待他。他的态度终于不攻自破了："妈、姐，我错了……"

3. 毫无表情的沉默能让人深思

有些人发表意见时态度很积极，但不免有些偏颇，令人难以接受；若直截了当地驳回，易挫伤其积极性，若循循诱导又费时，精力也不允许，最好的办法便是毫无表情的沉默。他说什么，你尽管听，"嗯""啊"什么也不说，等他说够了，告辞了，再用适当的不带任何观点的中性词和他告别："好吧！"或"你再想想。"别的什么也不用说。这样，他回去后定然要竭思尽虑，今天谈得对不对？对方为什么不表态？错在哪里？也许他会向别人请教，或许自己就会悟出原因。

4. 转移话题的沉默能使人乐而忘求

对要回答的问题保持沉默，而选准时机谈大家都喜欢的热门话题，使对方无法插入自己的话题，此人就会从谈话中悟出道理，检讨自己。

5. 信心坚定的沉默能使人顺服

某领导有一次交代下属办一件较困难的任务，当然，他能胜任。交代之后，对方讲起了"价钱"。于是该领导保持沉默，连哼也不哼。"困难如何大……""条件如何差……""时间如何紧……"说着说着他就不说了。最后说了一句："好，我一定完成。"

沉默是金，有时沉默不语能够出奇制胜，有时滔滔不绝，反而有理说不清。

插话要找准时机

在别人说话时,我们不能只听到一半或只听一句就装出自己明白的样子。我们提倡在听别人说话时,要不时做出反应,如附和几句"是的"等话语,这样既让说者知道你在听他说,又让他感觉你在尊重他,使他对你产生浓厚的兴趣。

但是,万事都有所忌,都要把握分寸。许多人过分相信自己的理解和判断能力,往往不等别人把话说完就中途插嘴,这种急躁的态度很容易造成损失,不仅容易弄错了对方说话的意图,还有失礼貌。当然,在别人说话时一言不发也不好,对方说到关键的时刻,说完后,你若只看着对方,而不说话,对方会感到很尴尬,他会以为没有说清楚而继续说下去。

还有不少人在倾听别人说话时表现得唯唯诺诺,哼哼哈哈,好像什么都听进去了,可等到别人说完,他却又问道:"很抱歉,你刚才说了什么?"这种态度,对于说话者来说是有失礼节的事。

所以说,即使你真的没听懂,或听漏了一两句,也千万别在对方说话途中突然提出问题,必须等到他把话说完,再提出:"很抱歉!刚才中间有一两句你说的是……吗?"如果你是在对方谈话中间打断,问:"等等,你刚才这句话能不能再重复一遍?"这样,会使对方有一种受到命令或指示的感觉,显然,对方对你的印象就没那么好了。

听人说话,务必有始有终。但是能做到这一点的人并不多。有些人往往因为疑惑对方所讲的内容，便脱口而出："这话不太好吧！"或因不满意对方的意见而提出自己的见解，甚至当对方有些停顿时，抢着说："你要说的是不是这样……"这时，由于你的插话，很可能打断了他的思路，使他忘了要讲些什么。

人人都有这样的经验，有时，同某人在一起，说话很愉快；有时同某人在一起，感到很烦，本来很感兴趣的话题却不想谈下去。究其原因，主要是因为对方说话不讨人喜欢，该问的问，不该问的也问，所以让我们觉得厌烦。说话要讲究轻重、曲直，更要有个眼力见儿，知道哪些话该说哪些不该说，哪些该问哪些不该问。

问题是展开话题的钥匙。所以说话有眼力见儿就要做到问话要讨人喜欢。有些问题，当你得不到满意的答复时，是可以继续问下去的，但有一些问题就不宜再问。比方说你问对方住在哪里，他如果只说地区而不说具体地址，你就不宜再问在几路几号。如果他愿意让你知道的话，他一定会自动详细说明的，而且还会补充上一句，邀请你去坐坐，否则便是不想让别人知道，你也不必再追问了。举一反三，其他诸如此类的问题，如年龄、收入等也一样不宜追问，以免引起对方不快。

不可问对方同行的营业情况。同行相忌，这是一般人的毛病。因为他回答你时，若不是对其同行过于谦逊的赞扬，便是恶意的诋毁。在一个人面前提及另外一个和他站在对立地位的人或物总是不明智的。

此外，在日常交际中，不可问及别人衣饰的价钱；不可问女子的年龄（除非她是6岁以下或60岁以上）；不可问别人的收入；不可详问别人的家世；不可问别人用钱的方法；不可问别人工作的秘密，如化学品的制造方法等。

凡别人不知道或不愿意让人知道的事情都应避免询问。问话的目的在于引起双方的兴趣,而不是使任何一方没趣。若能让答者起劲,同时也能增加你的见识,那是使用问话的最高本领。

一位社交家说:"倘若我不能在任何一个见面的人那里学到一点儿东西,那就是我处世的失败。"这句话很发人深省,因为虚怀若谷的人,往往是受人欢迎的。记住,问话不仅能打开对方的话匣,而且你可以从中增益学问。

点到为止

事情有缓急,说话有轻重。有些人在日常交际中,对问题缺乏理智,不考虑后果,一时性起,说话没轻没重,以致说了一些既伤害他人,也不利自己的话。

有一对夫妻吵架,两人唇枪舌剑,各不相让,最后丈夫指着妻子厉声说:"你真懒,衣服不洗,碗也不刷,你以为你是千金小姐呢,什么都不会,脾气还挺大,要你有什么用,不如死了算了。"妻子一气之下割腕自尽,丈夫后悔已经来不及了。

这样的例子在生活中屡见不鲜。这类说"过"了、说"绝"了的话,虽然有一些是言不由衷的气话,但是对方听来却很伤心,故常引起争吵、嫉恨甚至反目成仇。俗话说"过火饭不要吃,过头话不要说""话不要说绝,路不要走绝",正是对上述不良谈吐的告诫。

如果听话人是一个非常明白事理的人,你说的话就不必太重,蜻蜓点水,点到即止,一点即透,因为对方就像一面灵通的"响鼓"，鼓槌轻轻一点，就能产生明确的反应。对这样的人，你何必用语言的鼓槌狠狠地擂他呢？

赵明是工厂的一名班组长，最近他的班组调来一个名叫王楠的人，别人对王楠的评语是："时常迟到，工作不努力，以自我为中心，喜欢早退。"过去的班长对王楠都束手无策。第一天上班，王楠就迟到了5分钟，中午又早5分钟离开班组去吃饭，下班铃声响前的10分钟，他已准备好下班，次日也一样。赵明观察了一段时间，发现王楠缺乏时间观念，但工作效率却极佳，而且成品优良，在质检部门都能顺利通过。于是，赵明对王楠微笑着说："如果你的时间观念和你的工作效率同样优秀，那么你将成为一个完美的人。"以后赵明每天都跟王楠说这句话。时间久了，王楠反而觉得过意不去了，心想："过去的班长可能早就对我大发雷霆了，至少会斥责几句，但现在的班长毫无动静。"

感到不安的王楠，终于决定在第三周星期一准时上班，站在门口的赵明看到他，便以更愉快的语气和他打招呼，然后对换上工作服的王楠说："谢谢你今天能准时上班，我一直期待这一天，这段日子以来你的成绩很好，如果你发挥潜力，一定会得优秀奖。"

赵明对待王楠的迟到，没有采取喋喋不休的批评方式而是点到为止，让其自动改正错误。

小宋是一位小学语文教师，他不满某些社会现象，爱发牢骚，甚至在课堂教学中有时也甩开教学内容，大发其牢骚。很显然，他缺乏教师这个角色应有的心理意识。校长了解这种情况后，与他进行了一次交谈。校长说："你对某些社会不良风气反感，对教师待遇低表示不满，这是可以理解的。心中有气，尽管对我发吧，但是请你千万不能在课堂上发牢骚。少年的心灵本是纯真幼稚的，他们对有些事缺乏完全的了解和认识，你与其发牢骚，何不把那份精力用来给学生讲讲如何振兴祖国？这才是一个称职的教师应该做的。"听了校长这一番语重心长的话，小宋认识到当教师确实不能随意把这种牢骚满腹的心理状态表现出来，不然，对学生会产生不良的影响。从此以后，再也没有听说他在课堂上发牢骚了。

校长如果不把握说话的轻重，直接说："你这样做是缺乏修养的表现，不配做一个教师。"那么结果又会怎样呢？说话要把握轻重，点到为止，给人留住面子，才能起到说话的原本目的。

发生冲突时切忌失去理智

人与人之间难免因某种原因产生摩擦，这时，如果把话说得过重，就会使矛盾激化，相反，如果压制自己的情绪，则会让事情平息下来。

日本一位得过直木奖的作家藤本义一先生，是位颇为知名的人。一次，他的女儿超过了晚上时限10点钟，于午夜12点方才带醉而归，开门的藤本夫人自是破口训斥了一顿，之后还说："总而言之，你还是得向父亲道个歉。"

顿时，女儿清醒了不少，感到似乎大难就要临头了，于是便怯怯地走向父亲的卧房，面色凝重的父亲却只说了句："你这混蛋！"之后便愤然离去，留下了无言的女儿独自在黑暗中。

虽然只是一句话，但却深深刺痛了她的心，然而晚归之事，自此便不再发生。

为人父母者都有责备孩子的经验，多半也了解孩子可能有的反抗心，所以要他们反省是相当困难的。通常会以一句："你是怎么搞的，我已经说过多少次……"想让他们了解并且反省，此时他们若有反抗的举止，父母又会加一句："你这是什么态度！"然后说教更是没完。

如此愈是责骂，反抗心便愈是高涨，愈是希望他们反省，反愈得不到效果，于是情况就会变得更糟，但藤本先生的这种做法，使他女儿的反抗心根本无从发泄，反而转变为反省的心。

因为藤本夫人的一顿训斥，已经足够引起女儿的反抗心，但藤本先生却巧妙地将它压抑住，反而使女儿的内心感到十分歉疚，因为父亲的一句"混蛋"，实胜过许多无谓的责骂，她除了感激，实在无话可说。

压制自己的情绪，在遇到愤怒的事情时，切勿失去理智，口不择言。通常有些"过头话"是在感情激动时脱口而出的，人们为了战胜对手，往往夸大其词，着意渲染，"攻其一点，不及其余"，甚至使用污言秽语。如夫妻吵架时，丈夫在火头上说："我一辈子也不想见到你！"这话显然是气话、"过头话"，是感情冲动状态下的过激之言。事过之后，冷静下来，又会追悔莫及。所以，在情绪激动时，要特别注意控制，切莫"怒不择言"，出语伤人。

同时，因为双方有矛盾，说话就难免很冲、带刺儿，如果你也采取同样的态度回击，则积怨更深，最好的办法是避其锋芒。钢刀砍在石头上，肯定会溅起火星，如果钢刀砍在棉花上，则软而无力。对方一定不会再强硬下去。历史上廉颇与蔺相如"将相和"的故事告诉我们的就是在与有误解或隔阂的人相处时，应避其锋芒，不要硬碰硬，不说过头话，使用的语气不要咄咄逼人，如果一方能主动示弱，便有利于矛盾的化解。

简单否定或肯定他人不可取

对他人的评价是最为敏感的事情，应格外慎重，尤其是对自己不喜欢的人做否定性评价时，更应注意公正、客观，不要言辞过激，最好少使用"限制性"词语。

如果某下属办糟了一件事，在批评时，某领导说："你呀，从来没办过一件漂亮事！"这话就说得过于绝对，对方肯定难以接受。如果这样批评："在这件事上，我要批评你，你考虑得很不周到！"这样有限度的批评，对方就会心服口服，低头认错。

因此，对他人做肯定或否定性评价时，要注意使用必要的限制性词语，以便对评价的范围做准确的界定，恰当地反映事物的性质、状态和发展程度。只否定那些应该否定的东西，千万不要不分青红皂白，简单地"一言以蔽之"。

妙语精言，不以多为贵。领导者在批评下属的过错时，经常要用听起来简单明了、浅显易懂实际上含意深刻、耐人寻味的语言，使出现过错的人经过思考，便能从中得到批评的信息，并很快醒悟，接受批评，改正过错，吸取教训，不断前进。

拿不准的问题不要武断

一般人并不怕听反对自己的意见，不过人人都愿意自己用脑筋去考虑一下各种问题。对于自己未必相信的事情，都愿意多听一听，多看一看，然后再下判断。

为了给别人考虑的余地，你要尽量缓冲你的判断结论。把你的判断限制一下，声明这只是个人的看法，或者是亲眼看到的事实，因为可能别人跟你有不尽相同的经验。

除去极少数的特殊事情外，日常交往中，你最好能避免用类似这样的语句来说明你的看法。如"绝对是这样的""全部是这样的"，或者"总是这样的"。你可以说"有些是这样的""有时是这样的"甚至你可以说"大多数人都是这样的"。

凡是对自己没有亲历，或不了解的事实，或存有疑点的问题发表看法时，要注意选择恰当的限制性词语，准确地表达。如说："仅从已掌握的情况来看，我认为……""如果情况是这样的话，我认为……""这仅仅是个人的意见，不一定正确……"这些说法都给发言做了必要的限制，不但较为客观，而且随着掌握的新情况的增多，有进一步发表意见，或纠正自己原来看法的余地，较为主动。

有时是因事实尚未搞清，有时是因涉及面广或者自己不明就里，都不宜说过头话，而应借助委婉、含蓄、隐蔽、暗喻的策略方式，由此及彼，用弦外之音，巧妙表达本意，揭示批评内容，让人自己思考和领悟，使这种批评达到"藏颖词间，锋露于外"的效果。例如，可以通过列举和分析现实中他人的是非，暗喻其错误；通过列举分析历史人物是非，烘托其错误；也可通过分析正确的事物，比较其错误等。此外，还可采用多种暗示法，如故事暗示法，用生动的形象增强感染力；笑话暗示法，既有幽默感，又使他不尴尬；逸闻暗示法，通过逸闻趣事，使他听批评时，即使受到点儿影射，也易于接受。总之，通过提供多角度、多内容的比较，使人反思领悟，从而自觉愉快地接受你的意见，改正错误。

说话宽容，你的路才会越走越宽

工作中同事之间有了不同意见，应以商量的口气婉转地提出自己的看法，尽量避免生硬地伤害他人的言辞。如果遇到不合作的同事，也要表现出你的宽容和修养。学会耐心倾听对方的意见，并对其合理成分表示赞同，这样不仅能使不合作者放弃"对抗状态"，也能开拓自己的思路。

某同事得罪过你，或你曾得罪过某同事，虽说不上反目成仇，但心里确实不愉快。如果你觉得有必要，可主动去化解僵局，也许你们会因此而成为好朋友，即使不能成为好朋友，至少也为你减少了一个潜在的敌人。要明白，人都是会犯错误的，要允许别人犯错误，也允许别人改正错误。不要因为某同事有过失，便看不起他，或从此另眼看待对方，或"一过定终身"。

小张和小杨合作共同完成一项工程。工程结束后，小张有新任务出差，把总结和汇报的工作留给了小杨。正巧赶上小杨的孩子生病，小杨因为忙于给孩子看病，一时疏忽，把小张负责的工作中一个重要部分给弄错了。总结上报给主管以后，主管马上看出了其中的问题，找来小杨。小杨怕担责任，就把责任推给了小张。因为工程重要，主管立刻把小张调回来。小张回来后，莫名其妙地挨了主管一顿训斥。仔细一问，这才明白了是怎么回事，赶快向主管解释，才消除了误会。小杨平时与小张关系不错，出了这件事后，心里很愧疚，又不好意思找小张道歉。小张了解到小杨的情况，主动找到小杨，对他说："小杨，过去的事就让它过去吧，别太在意了。"小杨十分感动，两人的关系又近了一层。

宽容大度是一种胸怀，为一点儿小事斤斤计较，争吵不休，既伤害了感情，也无益于成大事，甚至最后伤害的还是自己。

在工作中谁都会碰到个人利益受到他人侵害的事情，这时候，你也要管住自己的嘴巴，不要恶语相向，尖刻地对待别人，而是用宽容的语言去化解去谅解，这样你的道路才会越走越宽。

主动调侃比解释效果更好

与别人交往的过程中，很可能会由于自己的过失，造成尴尬的局面，这时不要惊慌也不要逃避，有一个很好的方法可以缓解尴尬的气氛，那就是自我调侃。

有一次，十多年没见的老同学聚会，因为大家都是好朋友，说起话来没什么顾忌。一位男同学打趣地问一位女同学："听说你的先生是大老板，什么时候请我们到大酒店吃一顿啊？"他的话刚说完，这位女同学就开始表现出悲伤的神情。原来这位女同学的丈夫前不久因发生意外去世了，但这位开玩笑的男同学并不知道，这玩笑就显得有点过火。旁边的一位同学暗示这位男同学不要说了，但是他不明就里，还要自顾自地说下去，旁边的那位同学只好把实情告诉他。

得知真相后，那位男同学觉得非常尴尬，不过他迅速回过神，先是在自己脸上打了一下，之后调侃说："你看我这嘴，十几年过去了，还和学生时一样没有把门的，不知高低深浅，只知道胡说八道。该打嘴！该打嘴！"女同学见状，大度地原谅了老同学的唐突，苦笑着说："不知者不为怪，事情已经过去了，现在不提它了。"男同学忙转换话题，从尴尬中解脱出来。

自我调侃有时候也是一种超脱，说话办事时，对方可能是很尖刻的人，这时如果你与他针锋相对就会把气氛搞得很紧张，不利于沟通的顺利进行，而如果你把对方的攻击变成巧妙的自嘲，就会使对方感觉像"一拳打在棉花上"，接下来就会收敛很多。

20世纪50年代初，美国总统杜鲁门会见十分傲慢的麦克阿瑟将军。会见中，麦克阿瑟拿出烟斗，装上烟丝，把烟斗叼在嘴里，取出火柴。当他准备划燃火柴时，才停下来，对杜鲁门说："我抽口烟，你不会介意吧？"

显然，这并不是真心地向对方征求意见。杜鲁门讨厌抽烟的人，但他心里很明白，在面前这个人已经做好抽烟准备的情况下，如果他说介意，那就会显得自己粗鲁和霸道。

杜鲁门看了麦克阿瑟一眼，自嘲道："抽吧，将军，别人喷到我脸上的烟雾，要比喷在任何一个美国人脸上的烟雾都多。"

杜鲁门总统以自我解嘲的形式来摆脱难堪的境况，而他的自嘲之中，还包含着深深的责备和不满，无形中则给了傲慢的麦克阿瑟以含蓄的训诫。

大多数人制造尴尬都不是恶意的，而是出于不小心，这时候，如果你过分掩饰自己的失态，反而会弄巧成拙，使自己越发尴尬。而以漫不经心、自我解嘲的口吻说几句逗大家开心的话，却可以活跃气氛，消除尴尬。

远离无谓的争论，有效深入人心

世上只有一种方法能从争论中得到最大的利益，那就是停止争论。你永远不能从无谓的辩论中取得胜利。如果你争论失败，那你当然失败了；如果你得胜了，你还是失败的。因为就算你将对方驳得一无是处又能怎样？你觉得很好，但他怎么认为？你使他觉得脆弱无援，你伤了他的自尊，他不会心悦诚服地承认你的胜利。所以说，所有无谓的争论都是没有价值的，会说话的人应该远离争论。

多年前有一位叫杰克的爱尔兰人，他因为喜欢和别人辩论，经常和顾客发生冲突，所以很难将他的载重汽车推销出去，但后来他成为纽约怀特汽车公司的一位推销明星。这其中发生了什么故事呢？

下面是他自己叙述这个非凡转变的经过："假如现在我去向客户

推销汽车,如果他说,什么?你们的汽车?你白送给我,我都不要,我要买某某牌的车。我便告诉他,某某牌是名牌好车,如果你买那个牌子的车,这个选择很明智。那个牌子的汽车质量比较稳定,推销员也很优秀。于是他就没话可说了。如果他说某品牌最好,我就同意他的说法,他就不能整个下午继续说某品牌最好了。然后我们就可以停止这个话题,我开始讲自己的车的优点。"

本杰明·富兰克林常说:"如果你在辩论中争强好胜,你或许有时获得胜利,但这种胜利是得不偿失的,因为你永远无法得到对方的好感。"

因此,你需要好好考虑一下,你想要什么,只图一时快感的表演式胜利,还是一个人的长期好感?**靠辩论不可能使无知的人服气。**"

"恨不能止恨,爱却能止恨。"问题永远不能靠争论来解决,需要的是智慧、方法、宽容和理解。

委婉的表达更易被人接受

委婉是一种表达方法,是指在讲话时不直陈本意,而用间接和缓和之词加以烘托或暗示,让人思而悟之,而且越揣摩,含义越深越远,因而也就越具有吸引力和感染力。委婉含蓄是说话的艺术,它体现了说话者驾驭语言的技巧。生活中有许多事情是"只需意会,不必言传"的,如果说话者不考虑当时的情境,不顾及别人的感受,把想说的话直接地表达出来,不仅起不到应有的作用,还会引起对方的不悦，破坏相互之间的和谐关系。而委婉地表达自己的意思，即使是批评，别人也会很容易接受。

传说汉武帝晚年时很希望长生不老，一天，他对侍臣说："相书上说，一个人鼻子下面的人中越长，命就越长；人中长一寸，能活百岁，不知是真是假？"东方朔听了这话后，知道汉武帝又在做长生不老梦了，不觉哈哈大笑。汉武帝见东方朔似有讥讽之意，面有不悦之色喝道："你怎么敢笑话我！"东方朔恭恭敬敬地回答："我怎么敢笑话皇上呢？我是在笑彭祖的脸太难看了。"汉武帝问："你为什么笑彭祖呢？"东方朔说："据说彭祖活了800岁，如要真像皇上刚才说的，人中就有八寸长，那他的脸不是有丈把长吗？"汉武帝听了，也哈哈大笑。对于这种委婉含蓄的批评，汉武帝愉快地接受了。

从上面的事例我们可以看出，委婉含蓄主要具有如下三方面的作用：

第一，人们有时表露某种心事，提出某种要求时，常有种羞怯、为难心理，而委婉含蓄的表达则能淡化这种羞怯。

第二，每个人都有自尊心。在人际交往中，对他人自尊心的维护或伤害，常常是影响人际关系好坏的直接原因；而有些表达，如拒绝对方的要求、表达不同于对方的意见、批评对方等，又比较容易伤害对方的自尊。这时，委婉含蓄的表达常能达到既能说出心里话又不伤害对方自尊的目的。

第三，有时在某种情境中，例如碍于第三者在场，有些话不便说，这时可用委婉含蓄的方法表达。

需要注意的是，委婉含蓄不等于晦涩难懂，它的表述技巧首先是建立在共同语境中对方能够明白的前提下，否则你的表达就是没有意义的。另外，委婉含蓄并不适合任何场合，需要直白的时候就不要委婉含蓄，否则反而会引起别人的反感。

开玩笑不要信口开河

我们不难发现，生活中那些会开玩笑的人特别受欢迎。他们凭借一个得体的玩笑，不仅给他人带来了欢乐，而且能迅速获得别人的好感。但是，开玩笑也要有分寸，并不是所有的场合都适合开玩笑，并不是所有的话题都可以用来开玩笑，如果把握不好开玩笑的度，不仅会得罪人，甚至会酿成悲剧。

莉莉是一家公司的外勤人员，是个聪明伶俐的女孩。她脑子快，言辞犀利，说话还非常幽默，无论到哪儿都是颗"开心果"。但如此可爱的莉莉，却得不到老板的青睐。原来，她不仅跟同事开玩笑，还会和平易近人的老板开玩笑，而且不注意开玩笑的分寸。一次，莉莉带着刚刚谈好的客户和协议来找老板签字。看到老板龙飞凤舞的签名，客户连连夸奖说："您的签名可真气派！"莉莉听了却调皮地说："能不气派吗？我们老板自己偷偷练了三个月，况且这是他写得最多的字。"此言一出，老板和客户都陷入尴尬。

开玩笑也要区分对象，如果双方都是同事，莉莉的话也许并不会引起反感，但是在客户面前开老板的玩笑就显得不合时宜了，这会让老板觉得很没面子，客户也不知道该怎样继续说下去，这就是莉莉为什么得不到重用的原因。

所以，开玩笑时务必要考虑玩笑带来的后果，绝不要信口开河，随意开玩笑。不然，发生意外时，只会让我们后悔莫及。

恭维的话要切合实际

假如你到一个朋友家去，你的朋友对你异常客气，你每说一句话他都"唯唯诺诺"，和你说话时也总是满口客套话，唯恐你不欢，唯恐得罪了你。在这种情况下，你一定觉得如芒刺背，坐立不安，直到离开他家，才觉得如释重负。

这种情形你大概遇到过，仔细想一想，你是否也如此对待过来客呢？虽然是客气，但这种客气显然是让人受不了。

刚开始会客时的几句客气话倒没什么，若继续说个不停就不太妥当了。谈话的目的在于沟通双方的感情，加深双方的了解，而过多的客气话则恰恰是横阻在双方中间的墙，如果不把这墙拆掉，人们只能隔着墙做一些简单的敷衍问答而已。

初次见面人们都会客套一番，而第二、第三次见面就免去了许多客套。那些"阁下""府上"等词语如果一直用下去，则真挚的友谊必然无法建立。客气话是表示你的恭敬和感激的，不是用来敷衍朋友的，所以要适可而止，多用就会显得迂腐、浮滑、虚伪。有人替你做了一点小小的事情，比如说倒一杯茶吧，你说"谢谢"也就足够了。要是在有求于人的情况下，也最多说"不好意思，有件事情要麻烦你"就够了，但是有些人却要说"啊，谢谢你，真对不起，不该这点小事也麻烦你，真让我过意不去，实在太感谢了……"等等一大串客套话，让人感到非常不舒服。

说客气话的时候要充满真诚,像背熟了一般倾泄出来的客气话最易使人讨厌。说话时态度要温和,不可显出急忙紧张的样子。此外,说客气话时要保持身体的平衡,过度的鞠躬作揖、摇头弯身并不是一种雅观的动作。

把平时对朋友太客气的语言改成坦率的词语,你一定能获得更多的回应。对平时你从来没有表示过客气的人稍说一些客气话,如家中的保姆、你的孩子、商店的店员、出租车司机等,你一定会收到意想不到的好处。

要避免过分的客气。在一个朋友家中,如果你显得随便自然一些,主人也就不会过分地客气了。而当你是主人的时候,你也可以运用这一方法。

说话要实在,不要虚假,这是说话所要遵循的要求之一。与其空泛地说"久仰大名,如雷贯耳",不如说"你的小说真是文笔流畅,情节动人,让人爱不释手"等话。倘若恭维别人生意兴隆,不如赞美他推销产品的能力,或赞美他的经营方法。

说恭维或赞美的话要注意切合实际,到别人家里与其乱捧一番,不如赞美房间布置得别出心裁,或欣赏墙上的一幅好画,或惊叹一个盆景的精巧。如果主人爱狗,你应该赞美他养的一只狗;如主人养了许多金鱼,你应该欣赏那些金鱼。

管住自己的嘴,没用的话不要说

在日常生活中,如果稍加留意,我们就会发现许多人在说话中有一些毛病。虽然这些毛病无伤大雅,但如果不加以注意,就会影响谈话效果。

一般人在交谈中，常常容易出现以下几个方面的问题：

1. 有多余的习惯用语

有些人喜欢在交谈中使用太多的或不必要的习惯用语。例如，一些人喜欢什么地方都加上一句"自然啦"或"当然啦"一类词句；还有一部分人喜欢加太多的"坦白地说""老实说"一类的套语；也有人喜欢老问别人"你明白吗"或"你听清楚了吗"；还有的人喜欢总说"你说是不是"或"你觉得怎么样"。像这一类毛病，你自己可能没有感觉。克服这类毛病，最好的办法是请你的朋友时刻提醒你。

2. 有杂音

有些人谈话本来很好，只是在他的言语之间掺上了许多无意义的杂音。他的鼻子总是一哼一哼地响着，或者喉咙里好像不畅通似的，总会轻轻地咳着，也有在每句话开头用一个拖长的"唉"，好像怕人听不清楚他的话似的。这些毛病，应该去除。

3. 谚语太多

谚语本来是诙谐而有说服力的话，但谚语使用太多也不好。用谚语太多，往往会给别人造成油腔滑调、哗众取宠的感觉，不仅无助于增强说服力，反而使听者觉得有累赘感。谚语只有用在恰当的地方，才能使谈话生动有趣。

4. 滥用流行的字词

某些流行的字词，也往往会被人不加选择地乱用一番。例如，"内卷"这个词就被滥用了，什么东西都牵强地用上"内卷"，"内卷"这"内卷"那，使人莫名其妙。

5. 特别爱用一个词

有些人不知是因为偷懒，不肯开动脑筋找更恰当的字眼，还是有其他方面的原因，特别喜欢用一个字或词来表达各种各样的意思，不管这个字或词本身是否有那么多的含义。例如，许多人喜欢用"伟大"这个词。在他的言谈中，什么东西都伟大起来了。"你真是太伟大了""这盆花太伟大了""今天吃了一顿伟大的午饭""这批货物卖了一个伟大的价钱"等，给别人一种华而不实的感觉。我们要尽可能地多学多记一些词汇，使自己的表达尽可能准确而又多样化。

6. 太琐碎

许多人在谈话过程中琐碎得令人讨厌。例如，讲述自己的经历本来是最容易讲得生动、精彩的，很多人也喜欢听别人讲述亲身经历。但是，许多人讲自己经历的时候，不分主次地平铺直叙，觉得自己所经历的每件事都有意义，都有讲一讲的必要，结果反而使听者茫然无头绪、杂乱无章、索然无味。

讲述自己的经历或故事，要善于抓重点，善于了解听者的兴趣在哪一点上，少用对话。在重要的关节上讲得尽可能详细一些，对于其他地方，用一两句话交代过去就算了。

7. 过分使用夸张的手法

夸张的手法有引人注意的效果。不过，我们不能把夸张的手法用得太过分，否则，别人就不会相信你的话。

现实生活中，不可能每次说的都是"非常重要"的消息，也不可能每次都讲"最动人的"故事或"最可笑的"笑话。因此，不要到处用"非常""最""极"等字眼，否则，当你在无数的"最"中有一个真正的"最"时，又该怎样表示呢？难道你能说"这件事对我是最最重要的"吗？如果你真这样说，别人听了也会无动于衷，因为他们认为你是一个喜欢夸大事实的人。

除了上述七点之外，我们还应该注意自己在谈话中的声调、手势、面部表情等，努力使各个方面协调、得体。这样，我们就能大大增强自己说话的吸引力。

Part 7
别犯忌讳,规矩不能坏,礼仪要懂得

不要随意谈论别人的短处

金无足赤，人无完人；凡人皆有其长处，亦必有其短处。怎样在交往中正确对待别人的短处，这也是一门学问。

人有短处是一点也不值得奇怪的。有的人也许因为长久以来形成一种固有的生活方式，而其他人大都对此看不惯，这便成了他的短处；有的人也许在自己的生活与处世中的确有些微小的毛病，但这些毛病对他的人际交往是无足轻重的；有的人也许不是出于主观原因而出现一些较严重的缺点，但他自己却全然无知。如此等等，不一而足。对待他人的短处，不同的人则用不同方法。有的人在与他人沟通过程中，尽量多谈及对方的长处，极力避免谈及对方的短处；也有的人专好无事生非，逢人便夸大其词地谈论别人的短处；有的人虽无专说别人短处的嗜好，但平时却对此不加注意，偶尔也不小心谈到别人的短处。

用不同的方式对待别人的短处，所产生的效果截然不同。避免谈及他人的短处，容易与他人建立起感情，形成融洽的交谈气氛；好谈他人短处的人，最易刺伤他人的自尊心，打击人家某方面的积极性，还会引起他人的讨厌；不小心谈别人短处的人，虽无意刺伤他人，但很难想象人家怎样理解你的用意和对你所做出的反应，一般来说易引起别人的误解与不满。由此可见，我们在与他人的交谈中，应该尽量避免谈论别人的短处。

如果别人向我们谈起某人的短处，我们应该听了便罢，不要深信这种传言，更不可做传声筒。而且还要提醒谈论别人的短处的人，是否对所谈的事情有所调查、确有把握，而且不要把这些事作为谈资。

人群相聚，不免要找个话题闲聊。天上的星河，地上的花草；眼前的建筑，身后的山水；昨日的消息，今天的新闻，都是绝好的谈话内容。何必说东家长西家短，议论人家的短处呢？作为一个有修养的人，一定要远离说人家短处的不道德的行为。

当心，说话无礼招人烦

有些人喜欢翻来覆去地诉说一件已经说过几次的事情，也有些人会把一个老得掉渣的笑话当成新鲜的笑料。作为一位听众，此时，就要练一练忍耐的美德了。不能对他说："这话你已经说过多次了。"这样，会伤害他的自尊心。你唯一能做的就是耐心倾听，在心中想想他的记忆力可能不好，并真正同情他，而且他说话时充满诚意，你也要用同样的诚意接受他的善意。但如果说话的人滔滔不绝而你又毫无兴趣，觉得不值得花费时间和精力忍耐，就应该巧妙地停止他乏味的谈话，但千万注意，不可伤害对方的自尊心。最好的方法是不动声色地将话题引向对方在行而且自己又感兴趣的内容。

与人交谈时，既要善于聆听对方的意见，也要适时发表个人意见。一般不提与话题无关的事，更不要左顾右盼、心不在焉，也不要有漫不经心地看手表、伸懒腰、玩东西等不耐烦的行为。

在社交场合谈话时，"见了男士不问钱，见了女士不问身"，不要径直询问对方履历、工资收入、家庭财产、衣饰价格等私人生活方面的问题。与女士谈话不要说她长得胖、身体壮、保养得好等，对方不愿回答的问题不要追问。不慎谈到对方反感的问题时，应及时表示歉意，或立即转移话题。

与人交谈时要竭力忘记自己，不要老是没完没了地谈个人生活、自己的孩子、自己的事业。你要在交谈中给对方发表意见的机会，引导别人说他自己的事情。同时，你以充满同情和热诚的心去听他的叙述，一定会让对方高兴，给对方留下良好印象。

另外，说话时，一定要注意用词，切忌尖刻难听。

说话尖刻的人，未尝不知其伤人，而仍以伤人为快，这完全是一种病态的心理。之所以这样，也自有其根源，换句话说，就是环境带他走入歧途。第一，这种人有些小聪明，且颇以聪明自负，而一般人却不承认他聪明，因此他会有怀才不遇之感。第二，这种人富有强烈的自尊心，希望别人都尊重他，却偏偏得不到别人的尊重，因此他心中感到郁闷。第三，敌对心理一直郁积在心里，始终找不到释放的机会，他又不会提高自身修养，于是只好四处寻找发泄的对象。这些人觉得人们都是可恶的，不问有无旧恨新仇，都伺机而动，以话语伤人。

这种人只会失败，不会成功，在家里，即使父兄妻子等亲人也不会和他关系融洽；在社会上，最终会成为大家疏远的对象。所以说，说话尖刻伤人，最终也会伤自己。

人都有不平之气。若觉得对方言语不入耳，不妨充耳不闻；若觉得对方行为不顺眼，不妨视而不见。不必过分计较，更不要伺机嘲弄、冷言冷语，甚至指桑骂槐。快语伤人并无裨益，谈话无礼惹人反感。

广结人缘，不在背后诋毁他人

公司里琐碎的事情比较多，这些事情看上去虽小，但若处理不当，可能会使你处于不利的境地。当你对同事或上司不满时，切不可到处诉苦，或背后诋毁别人。当别人向你诉苦时，你应该既对他表示同情，又能置身事外，切不可随波逐流，挖苦别人。否则，你会陷入人际关系混乱的境地，因为没有人敢和一个背后乱说坏话的人在一起，他们会觉得这样的人十分危险。

如果有的同事在你面前议论别人，更不要人云亦云，以讹传讹。为什么这么说呢？首先你要明白，你所知道的关于别人的事情不一定确凿无误，也许还有许多隐情你不了解。要是你不假思索就把你所听到的片面之言宣扬出去，难免颠倒是非。话说出口就收不回来，事后等你完全明白真相时才后悔不迭，但此时已经在同事之间造成了不良的影响。

人与人之间的关系说简单也简单，说复杂也复杂，你如果不知内幕，就不可信口雌黄，难免招惹是非。

某公司销售部的李某升为经理，有几位同事和他同一间办公室坐了几年，平日不分高下，暗中竞争的同事成了自己的上司，总让人有那么一点酸酸的感觉。部门里几个同事背后开始嘀咕："哼！他有什么本事，凭什么他能晋升？"一百个不服气与嫉妒就都脱口而出，于是你一句我一句，把李某数落得一无是处。

王新是刚来到销售部不久的大学生，见大家说得激动，也毫无顾忌地说了些李某的坏话，如办事拖拉、疑心太重等。可偏有一个阳奉阴违的同事，背后说李某的坏话说得比谁都厉害，可一转身就把大家说李某坏话的事告诉了李某。

李某想："别人对我不满说我的坏话我可以理解，你王新刚入职几个月有什么资格说我。"从此对王新很冷淡。王新大学毕业，一身本事得不到重用，还经常受到李某的指责和刁难，成了背后说别人坏话的牺牲品。在这个案例中，李某小肚鸡肠，没有领导容人的气量是他的问题，但王新身上也存在缺点。

人与人之间的关系本来就是很微妙的，特别是在公司里，几个人凑在一起闲聊，话匣子打开就很难合上。很多人因为把持不住，就有可能说别人的坏话，而另一些人就会随声附和，甚至添油加醋地加以传播，那后果将不堪设想。

同事是工作伙伴，不是生活伴侣，你不可能要求他们像父母兄弟姐妹一样包容你、体谅你。很多时候，同事之间最好保持一种平等、礼貌的关系，彼此心照不宣地遵守同一种职场规则，一起把工作进行到底。更多的时候，你需要去体谅别人。站在同事的角度替他们想一想，也许更能理解为什么有些话不该说，有些事情不该让别人知道。

只有很好地做到独善其身，才能使你广结人缘，不会被卷入是非的漩涡，从而使你在公司里做到游刃有余，为自己创造更好、更和谐的工作环境。

有错就要及时道歉

人非圣贤，孰能无过？但有的人认为承认错误是有失身份的事情，所以即使犯了错也不肯承认，遮遮掩掩，甚至当别人当面指出或提出的时候都不肯承认，更不要说道歉了。其实，与其等别人提出批评、指责，还不如主动认错、道歉，这样更易于获得谅解、宽恕。如果我们由于自身的孤傲和不安全感，宁可让友情出现裂痕，也不愿意说"我错了"这句话，那实在是愚蠢之至。

一个人要承认自己的错误的确是需要勇气的。但是，每个人都免不了有犯错的时候，一旦错了，就得道歉，只有如此才能避免更大的损失。而且，说"对不起"的时候，眼睛一定要直视对方，只有这样才能传递出你的心意。如果一边做事一边道歉，或者用其他回避的方式，都表现不出你的诚意，无法让对方感觉到你是真正认识到了自己的错误。没有辩解的道歉才能让对方感觉你的心意，达到道歉的目的。

小伟在朋友的生日宴会上喝多了，将女主人最喜欢的一个花瓶失手打碎了，以小伟的经济实力一次性赔偿这个花瓶有很大困难。

为了表示自己的歉意，小伟挑选了一张精致的贺卡，写上自己的歉意，我知道我的行为给你们造成了困扰，也知道自己的行为是无法原谅的，请相信我绝对不是故意的，如果当时我没有喝醉，也就不会发生那种事情，所以请接受我最真挚的歉意。我会在一年内攒够买花瓶的钱,请相信我。

小伟将卡片亲手交到朋友手里,并带了朋友最喜欢的茶,不是为了赔偿那个花瓶,而是为了表示真诚的歉意。

小伟的道歉方式很真诚,你也可以不直接说出"对不起",而是像小伟这样用一张卡片或一份小礼物等,来表示自己的歉意。最重要的是不要回避,一开始就要先承认自己的错误,而且道歉一定要有诚意。

真心实意的认错、道歉就不必强调客观原因,也不做过多的辩解。就算的确有非解释不可的客观原因,也必须在诚恳地道歉之后再略为解释,而不宜一开口就辩解。否则,对方就会认为,你对自己的错误实际上是抱着总体否定、具体肯定的态度。这种道歉,不但不利于弥合双方思想感情上的裂痕,反而会扩大裂痕、加深隔阂。要记住,真正的道歉不只是认错,同时也意味着承认自己的行为给对方造成的困扰,表示你对彼此之间的关系很重视,希望道歉可以化解冲突,重归于好。所以,如果你犯了错,就大方地表示歉意,诚恳地说一句"对不起"吧,这能为你带来更牢固的友谊。

少发牢骚,别把自己变成"怨妇"

"烦死了,烦死了!"一大早就听王宁不停地抱怨,一位同事皱皱眉头,不高兴地嘀咕:"我本来心情好好的,被你一吵也变烦了。"

王宁是公司的行政助理,事务繁杂,的确让人心烦。可谁叫她是公司的管家呢,事无巨细,不找她找谁?

刚交完电话费,财务部的小李来领胶水,王宁不高兴地说:"昨天不是来过了吗?怎么就你事情多,今儿这个、明儿那个的?"他把抽屉开得噼里啪啦,翻出一个胶棒,往桌子上一扔,说:"以后东西一起领。"小李有些尴尬,又不好说什么。

一会儿,销售部的王娜风风火火地冲进来,原来复印机坏了。王宁脸上立刻多云转阴,不耐烦地挥挥手:"知道了,烦死了!先填保修单。"单子一甩,然后说:"填一下,我去看看。"王宁边往外走边嘟囔:"综合部没人了吗?什么事情都找我!"对桌的小张气坏了:"这叫什么话啊?我招你惹你了?"

……

年末的时候公司评选先进工作者,领导们都认为先进非王宁莫属,可一看投票结果就傻了——一共50多张选票,王宁只得12票。

有人私下说:"王宁是不错,就是嘴巴太厉害了。"王宁很委屈:"我累死累活的,却没有人体谅……"

发牢骚就像传染病一样,不仅自己情绪低落,也让别人感到不舒服,谁愿意整天和一个牢骚满腹的人在一起呢?不少人无论在什么环境中工作,总是牢骚满腹,逢人便大倒苦水,像祥林嫂般地唠叨不停,让周围的人苦不堪言。也许你把发牢骚、倒苦水看作是与同事真心交流的一种方式,但过度的牢骚怨言会让同事感到既然你对工作如此不满,为何不跳槽,去另谋高就呢?

怨天尤人势必损害自己的声誉,它不能博得同情和安慰,反而会招致他人的幸灾乐祸与无礼轻慢。所以说,不管从事什么样的工作,你都要把它当成你个人的兴趣,当成一件喜欢的事去做,不要动不动就发牢骚,影响自己也影响别人。如果觉得实在不能适应,你最好还是换一份工作。

谦虚让你更有人缘

在日常生活中与朋友交往，尤其是和一些地位与处境不如你的人交往，你内心是否会产生一种居高临下的优越感呢？如果有，你应该及时消除这种人际交往中的"有害病症"。

本杰明·富兰克林是美国的政治家、科学家，是独立宣言的起草人之一。有一次，富兰克林到一位前辈家拜访，当他准备从小门进入时，因为小门低了些，他的头被狠狠地撞了一下。

出来迎接的前辈告诉富兰克林："很痛吧！可是，这将是你今天拜访我的最大收获。要想平安无事地生活在世上，就必须时时记得低头。这也是我要教你的事情，做人要保持低调。"

从此以后，富兰克林记住这句话，并把"低调做人"引入人生的生活准则之中。

喜欢炫耀自己、锋芒毕露的人大多是有一定才华的人，他们不甘心寂寞，常在言语行动上争强好胜。但是，中国有句俗话叫"枪打出头鸟"，如果你什么事都要占尽优势，很可能会招致对方的嫉妒，有时还可能无意中伤害了对方，时间一长，难免造成孤家寡人的局面。所以，即使你才华横溢，也不要到处炫耀，逞一时之快。

生活中，有些人总喜欢在别人面前炫耀自己的得意之事，总以为这样就会让朋友高看自己，使别人敬佩自己。殊不知，别人并不愿意听你的得意之事。特别是那些失意之人，你在他面前炫耀自己的得意之事，他会更恼火，甚至讨厌你。

一次，有人约了几个朋友来家里吃饭，这些朋友彼此都比较熟悉。主人把大家聚在一起主要是想借着热闹的气氛，让一位目前正陷入低潮的朋友心情好一些。这位朋友不久前因经营不善，关闭了一家公司，妻子也正与他谈离婚的事，可谓内外交困，他实在痛苦极了。来吃饭的人都知道这位朋友目前的遭遇，大家都避免去谈与事业有关的事，可是其中一位姓吴的朋友因为前段时间赚了很多钱，几杯酒下肚，忍不住就开始谈他的赚钱本领和花钱功夫，那种得意的神情，连主人看了都有些不舒服。

失意的朋友低头不语，脸色非常难看，一会儿上厕所，一会儿去洗脸，后来他猛喝了一杯酒，匆匆离开了。主人送他出去，在巷口他愤愤地说："老吴会赚钱也不必那么炫耀啊！"

主人了解他的心情，因为多年前自己也曾陷入困境，正风光的朋友在他面前炫耀优厚的工资和年终奖金，那种感受，就如同把针一根根针插在心上一般，要多难受就有多难受。

如果你不想失去朋友，就要时刻注意低调，如果你不想让有真知灼见的朋友对你避而远之，最好收敛一些，让自己的言行保持谦虚谨慎。记住，炫耀只会令你失去的越来越多。

说话办事要和气，不要轻易得罪人

俗话说："多一个朋友多一条路，多一个敌人添一堵墙。"这就告诉我们，说话办事时要尽量和气，不管事能否办成，都不要轻易得罪人，否则就会让自己陷入困境。

林肯年轻时，不仅专找别人的缺点，也爱写信嘲弄别人，且故意丢弃在路旁，让人拾起来看，这使得厌恶他的人越来越多。

后来，他到了春田市，当了律师，仍然不时在报纸上发表文章为难他的反对者，但他也因此付出了代价。当时，林肯嘲笑一位虚荣心很强且自大好斗的爱尔兰籍政治家杰姆士·休斯。他匿名写的讽刺文章在春田市报纸上公开以后，市民们引为笑谈，惹得一向好强的休斯大发雷霆。他打听出作者的姓名后，立刻骑马赶到林肯的住处，要求决斗。林肯虽然不赞成，却也无法拒绝。身高手长的林肯选择了骑马比剑，请求陆军学校毕业的学生教授他剑法，以应付决斗。后来，在双方好友的调解下，决斗风波才告平息。

这件事给林肯一个很深刻的教训，他认识到得罪别人的事就连最愚蠢的人都不会做。从此，林肯改变了自己对人刻薄的做法，以博大的胸怀赢得了朋友的心。

林肯的教训是值得我们仔细体味的，在我国的历史上这种例证也不罕见。

战国时期，齐国大夫夷射在接受国君的宴请后，酒足饭饱而出。此时担任王官守门的小吏则跪请求说："请大人赏给我一点酒喝吧。"夷射斥责则跪说："一个下贱的守门人也想饮用国君的美酒吗？滚开！"夷射走远后，则跪非常气愤，于是，将碗里的水泼在廊门的接水槽中，水的样子类似小便。

天明以后，齐王发现了，就问则跪："昨天晚上，是谁在此处小便呀？"则跪回答说："夷射大夫在这地方站立过。"齐王大怒，因此诛杀了夷射。

一个卑贱的守门人因为被大臣污辱，竟然设计要了大臣的命，由此可见与人结怨的害处。

以上事例说明了同样一个道理，不可轻易得罪别人，否则只会是自找麻烦，增加自己处世及办事的难度。

朋友遭遇不幸要及时安慰

朋友是什么？朋友就是能够一起分享快乐、承担痛苦的人，当对方遭受不幸时，能够一直陪在他身边安慰他的人才是真正的朋友。

一个夏日的傍晚，一位少妇投河自尽，被正在河中捕鱼的船夫夫妇救起。船夫的妻子关切地问道："你年纪轻轻，为什么要寻短见呢？"

少妇哭得很伤心，说："我才结婚一年，丈夫就抛弃了我，活着还有什么意思呢？"

"那我问问你,你一年以前是怎么过的呢?"船夫妻子问道。

少妇回忆起自己一年前的美好时光,她眼前一亮,说:"那时我自由自在、无忧无虑,对生活充满了希望。"

"那时你有丈夫吗?"船夫妻子又问。

"当然没有啦。"少妇答道。

船夫妻子说:"那么你不过是被命运之船送回到一年前,现在你又自由自在、无忧无虑了,你什么也没损失啊。"

少妇想了想,说:"这倒是真的,我怎么会和自己开了这么大一个玩笑呢!"说完,重新充满了希望。后来,少妇和船夫一家人成了好朋友。

人在悲伤的时候,总会认为未来的生活毫无希望,从而失去对生活的兴趣,船夫妻子让少妇回忆起过去的美好生活,让少妇明白生活中还有很多让人快乐的事情,重新点燃了她对生活的希望之火。当朋友遭遇挫折时,我们要帮助他挺过难关,而重温美好就是有效方法之一。

人在生病以后,情绪会很低落,心烦意乱,胡思乱想。你如果能够将安慰送给他们,他们的心情就会好转一些,并对你表示感激。不过,安慰病人时要讲究一些技巧,首先应该对病人的病情、思想状况和实际情况有所了解,还要知道有关疾病的基本知识,然后根据患者在住院期间的不同状况来进行安慰。

另外,有的人或许身体没病,但他们的心理承受能力较弱,遇到一点困难就一蹶不振,这时你也要及时地对其进行安慰并鼓励他尽快振作起来,唤醒他的自我意识。

总之,当朋友遇到不幸,无论是身体上的疼痛还是心理上的失意,你都应该及时出面安慰,这样才算是真正的朋友。

维护朋友的自尊心才能留住友谊

很多人认为，朋友之间可以毫无顾忌，想说什么就说什么。而实际上，越是要好的朋友，越应该维护对方的面子，说话办事时不要伤害朋友的自尊心，这样你们的友情才能长久。

陈文进公司不到两年就坐上了部门经理的位置，但是有个别下属不服气，有的甚至公开和他作对，他从小玩到大的朋友钱诚就是其中一位。自从陈文做了部门经理之后，钱诚经常迟到，一周五天，他甚至四天都迟到。

按公司规定，迟到半小时就按旷工一天算，是要扣全勤奖的。问题是，钱诚每次迟到都在半小时之内，所以无法按公司的规定进行处罚。陈文知道自己必须采取办法制止钱诚这种行为，但又不能让矛盾加深。

一天，陈文把钱诚叫到办公室，诚恳地说："你最近总是来得比较晚，是不是有什么困难？"

"没有啊，堵车又不是我能控制的事情，再说我并没有违反公司的规定呀。"

"我没别的意思，你不要多心。"陈文明显感觉到了对方的敌意。

"如果经理没什么事，我就出去做事了。"

"等一下，钱诚，我记得你家住在体育馆附近吧？"

"是啊。"钱诚疑惑地看着对方。

"那正好，我近期搬回老房子住了，以后你早上在体育馆东门等我，我开车上班可以顺便带你一起来公司。"

没想到陈文说的是这事，钱诚反而有些不好意思，喃喃地说："不，不用了……你是经理，这样做不太合适。"

"没关系，我们是朋友啊，帮这个忙是应该的。"陈文的话让钱诚脸上突然觉得发烧，人家陈文虽然当了经理，还能平等地看待自己，而自己却故意跟人家作对，实在是不应该。事后，钱诚虽然谢绝了陈文的好意，但他此后再也不迟到了。

知道你的朋友做错了，直接提建议很可能会伤及他的面子，同时破坏你们的友谊，不如学学陈文的做法，迂回地点出问题。

朋友之间，一定要学会维护对方的面子。你给朋友面子，朋友也会回报你，如果你有事需要朋友帮个忙，朋友也会鼎力相助。

记住别人的名字，获得好感的开端

人对自己的姓名最感兴趣。把一个人的姓名记全，很自然地叫出来，这是一种最简单、最直接、最能获得好感的方法。因为一个人从出生到去世，名字一直和他捆绑在一起，这是区别于他人的重要标志。叫响一个人的名字，这对于他来说，是所有语言中最动人的声音，也是能给他留下深刻印象的简单方法。

钢铁大王安德鲁·卡内基能够叫出许多员工的名字。他很得意地说，在他担任主管的时候，他的钢铁厂未曾发生过罢工事件。因为在员工的心中，卡内基是极受尊敬和爱戴的，他们都因为自己受到重视而确认卡内基的形象是正直的、值得信任的。

记住一个人的名字，是尊重一个人的开始，也是塑造个人魅力的重要一步。

两个多年未见的朋友在街头邂逅，一方能够脱口而出对方的名字，必能使对方兴奋不已；即使只有一面之交的人，再次偶然相遇，清楚地记得对方名字，必能使其对你刮目相看。

若是你把人家的名字忘掉了，或写错了，对方会觉得你不够重视他，从而影响沟通的质量。

记住别人的名字，并且多去喊他的名字，这样做可以让别人感受到你在关心他、重视他。这只是一个细节，一个生活中的细节，而生活就是由这种细节堆砌起来的，认真地对待生活中的每一个细节，做好每一个细节，只有这样，生活才会善待我们。

人际关系学大师戴尔·卡耐基在讲解"如何使人喜欢你"时，列出的原则之一就是，"记住一个人的姓名，把它当作最甜蜜、最重要的声音"。

言不在多，找到中心最关键

每一种谈话，无论怎样琐碎，总要保持中心议题，这就是谈话的首要要求。为了突出这个目的，你应该剔除那些琐碎的枝叶，直接表达出你的意图。一位人际关系专家说："你应该有效表达，但不必说得太长。少叙述故事，除了真正贴切而简短的内容之外，总以绝对不讲为妙。"所以，我们在说话办事时首先要记住言语要简洁，要一语中的。

在市场经济时代，有些人开口言商，闭口言商，"利"则成为经商的核心。绝大部分商场竞争，都是围绕一个"利"字。如果你是一个业务人员，在推销时，就要恰到好处地在这个"利"字上突出重点，相信话不需多，也会卓有成效。

比如："张厂长，如果你们厂的每条生产线都安装上我公司的高精密度自动控制系统，那你们厂产品的优良率将由现在的85%上升到98%以上，每天可增加经济效益1.3万元，所以你晚一天购买，就意味着你每天都要白白地扔掉1.3万元。张厂长，早买早受益呀！"

如此以"利"动人，自然是无往而不利。可见，春色不须多，但见一杏出墙，便知天下皆春。话语虽短，却突出了对方关注的重点，肯定能打动人心。

要抓住问题的核心，须少说不重要的话和废话，也就是人们常说的，画蛇不要添足。话要说得适可而止，千万不要长篇大论。在生活节奏日益加快的现代社会，没人有耐心去听你的长篇大论。这就要求你时刻提醒自己，随时做到把话说到点子上，让自己的表达有道理，有人情味，有逻辑性，这样才能把话说好，让别人喜欢听。

有的人为人腼腆，总怕和生疏的人会面时无言相对，实际上这是不必要的担心。因为在社交场合，大多数影响谈话气氛的不是那些讲话太少的人，而是那些讲话太多的人。即使自己不能谈笑风生，只要做到有问必答，回答问题合情合理就可以了。当然，交谈中注重语言的精炼准确，并不是说总要拼命想自己下一句要说什么，过多地咬文嚼字，不但不能听清对方在说什么，也会丧失自己控制谈话的能力，显得紧张和语塞，破坏谈话效果。

言不在多，达意则灵。讲话要精练，字字珠玑，让人不减兴味。

冗词赘语，唠叨啰唆，不得要领，则必令人生厌。

说服别人时要给对方台阶下

说服别人的过程中，对方可能会有下不来台的时候。这种时候如果能巧妙地给人台阶下，就可以为对方挽回面子，缓和紧张难堪的气氛，使事情能顺利进行。要达到这样的目的，应该学会在说服别人时给对方台阶下。

1. 给对方寻找一个善意的动机

装作不理解对方尴尬举动的真实含义，故意给对方找一个善意的行为动机，给对方铺一个台阶。

一位老师讲过这样一个故事：一天中午，他路过学校后操场时，发现前两天帮助搬运实验器材的几位同学正拿着一个实验室特有的凸透镜在阳光下做"聚焦"实验。当时那位老师就想，他们哪来的凸透镜？难道是在搬东西时趁人不备拿了一个？实验室正好丢了一个。是上去问个究竟还是视而不见绕道而去？为难之时，同学们发觉了老师，从同学们慌乱的神情中老师肯定了自己的判断。当时的空气就像凝固了似的，但是老师很快想出了一条妙计，他笑着说："哟，这透镜被你们找到了。谢谢你们。昨天我到实验室准备实验，发现少了一个透镜，我想大概是搬运过程中丢失了，我沿途找了好几遍都未能找到，谢谢你们帮我找到了这个透镜。这样吧，你们继续实验，下午还给我也不迟。"同学点了点头，现场的尴尬就这样被轻松解决了。

这位老师采用了故意曲解的方法，装作不懂学生的真实意图，反而说是他们帮助自己找到了透镜，将责怪化成了感激，自然令学生在摆脱尴尬的同时又羞愧不已。

2. 顺势而为

依据当时的势态，对对方的尴尬之举加以巧妙解释，使原本只有消极意义的事件转而具有积极的含义。

有一次县教委的一些同志来学校听课，校长安排1班的李老师讲课，还安排部分老师听课。李老师既怕课讲得不好，又担心有的学生答问题时效果不佳，有失面子。课上，他重点讲解了词语的感情色彩。在提问了两位同学取得良好效果后，接着提问了学校一位老师的孩子："请你说出一个形容风景美丽的词或句子。"

或许是课堂气氛紧张，或许是严父在场，也可能兼而有之，这位同学一时为难，站在那里一言不发。

李老师和那位老师都现出了尴尬的脸色。瞬间，李老师便恢复正常，随机应变地讲道："好，看来你一时想不起来了，那你来说一下刚才两位同学的答案，有什么异同？谁的更好？"

在那位同学回答的同时，李老师顺势给予指导，帮助他回忆起好几个回答刚才问题的语词，并及时给予表扬，使李老师本人和那位听课的老师摆脱了难堪。

3. 将尴尬的事情严肃化

我们可以故意以严肃的态度面对对方的尴尬举动，消除其中的可笑意味，缓解对方的紧张心理。

第二次世界大战时，一位德高望重的英国将军举办了一场祝捷酒会。除上层人士之外,将军还特意邀请了一批作战勇敢的士兵。没料想,一位从乡下入伍的士兵不懂酒会上的一些规矩,做出了一些让人啼笑皆非的举动,顿时引来达官贵人、夫人小姐的一片讥笑声。那位士兵一下子面红耳赤,无地自容。此时,将军慢慢地站起来,端起自己面前酒杯,面向全场贵宾,充满激情地说道:"我提议,为我们这些英勇杀敌、拼死卫国的士兵们干了这一杯。"言罢,一饮而尽,全场为之肃然。此时,士兵们已是泪流满面。

在这个故事里,将军为了帮助士兵摆脱窘境,扭转酒会的气氛,采用了将可笑事件严肃化的办法,不但不讥笑士兵的尴尬举动,而且将大家的注意力引向杀敌英雄致敬的严肃行为。这位乡下士兵不但将尴尬一扫而尽,而且获得了莫大的荣誉。

拖延也是一种说话办事的技巧

在大学的课堂上,有一名学生提出与本课毫无关联的问题,几乎让教授失态。起初教授很用心地回答他的问题,不料却与学生的意见发生了冲突。其实这时教授大可拒绝对方的质问,用"像你这种问题我们不妨等下了课再谈"这句话轻易带过。

如果是在私人场合,就可以说:"像你这样的问题我们还是等会儿再谈,怎么样?休息一会儿吧!"就可以轻松愉快地将话题带过。若在会议中形成了一场意见相左的局面,此时不妨暂时承认对方所言的重要性,同时也让他感觉此问题事关重大,难以解决,无法立刻作答,可以告诉他:"关于这一问题我们日后再作讨论,今天我们还是讨论会议的主题吧。"这种回答，表面上是你对他摆出低姿态，实际上却是拒绝正面作答，以保持他心理的平衡。

所以，在别人向你提出请求时，如果你能做到，就可以答应别人，但如果你感到这一请求超出了你的能力范围，你最好不要立即说："不行，这个忙我帮不了。"而可以考虑用拖延法来说："嗯，我来想想办法，至于能不能办成，我一定尽快给您一个回音，您看怎么样？"然后过一两天再打电话表示无能为力，这样至少表明你已经尽心尽力了。有时候，被拒绝的人耿耿于怀的往往是别人回绝时的态度，或是官腔十足，或是盛气凌人，或是漫不经心。若是别人已经尽心竭力，那么即使事情最终没有办成，也不至于心中有怨言。

对方提出请求后，你也可以说："让我考虑一下，明天答复你。"这样，既为你赢得了考虑如何答复的时间，又会使对方认为你会很认真地对待这个请求。

张艳一心想当一名记者，于是想从学校调到某报社工作，她找到了同事的丈夫——某报社黄总编，黄总编知道张艳不太适合记者工作，但又不好直接拒绝，于是对张艳说："我们刚招进来一批毕业生，短期内社里不会研究招人的问题了，过一段时间再说吧。"黄总编没说这事绝对不行，而是以时机不对为理由，虽然没有拒绝，但为后来的拒绝埋下了伏笔。

拖延也是一种说话办事的技巧，能让你显得不那么尖刻或不近人情。当然，如果别人请求的事你完全有能力做到，还是尽量给予别人帮助吧，毕竟再巧妙的拒绝也不如实在的帮助让别人容易接受。何况，想交到朋友，你不可能只索取而没有任何付出。

与人相处，不要轻易许下诺言

生活中，万不可轻易许诺或者承诺会做到什么，这样才能做到进退自如。特别是在说话办事的时候，"说出去的话犹如泼出去的水"，想收是收不回来的。因此，千万不要轻易许下诺言，以免许下的诺言无法实现，导致别人对自己不再信任。

甘茂在秦国为相，秦王却偏爱公孙衍。秦王有一次曾经许诺公孙衍，将来必定会提拔他。他对公孙衍说："我准备让你做相国。"甘茂手下的官吏听到这个消息，就去告诉甘茂。

甘茂随后进宫拜见秦王说："大王得了贤相，我斗胆给大王贺喜。"

秦王说："我把国家托付给你，哪里又得到贤相呢？"

甘茂说："大王将要立公孙衍为相。"

秦王说："你从哪里听来的？"

甘茂回答说："公孙衍告诉我的。"秦王当时非常窘迫，于是疏远了公孙衍。秦王轻诺公孙衍，事后又不兑现自己的诺言，结果成了失信于人的君主，同时也伤害了一直忠心耿耿的良臣甘茂。

所以，要做到不轻易许诺，除了要有自知之明之外，还必须养成对客观情况做比较深入和细致了解的习惯。

当朋友托你办事时，你首先得考虑，这事你是否有能力办成，如果办不成,你就得老实地说"我不行"。随便夸下海口或碍于情面不好意思拒绝都是要不得的。言而有信是做人的基础,也是友谊的基础。明明办不成的事却承诺下来,到时候不仅令人失望,还可能耽误朋友的事情,伤了彼此的情义。

不要轻率地对朋友做出许诺,但不是一概不许诺,而是要三思而后行。尽量不说"包在我身上"之类的话,给自己留一点余地。顺口而随意的承诺,只是一条会勒紧自己手脚的绳索。

如果一个人在生活或职场上经常不负责任地许下各种诺言,而很少能兑现,结果必会给别人留下恶劣印象。你可以找任何借口来推辞,但绝不要说"没问题"。

所以,与人相处,千万别轻易许诺,给出了承诺,便一定要做到。这样,别人才会认为你是一个讲信誉的人,才会信赖你。

对待下属要先商量后命令

有这样一则寓言:太阳和北风打赌,看谁能先让行人把大衣脱去。太阳用它温暖的光轻而易举地使人们脱下大衣;而北风使劲地吹,反而使行人的大衣裹得更紧。太阳与北风的故事,说明了一个道理,对人要像太阳那样,用温暖去感化他们,使他们自觉地敞开心扉;如果像北风那样使劲地吹,一味地强制压迫,反而会使人们心存戒备。

从管理学角度来讲,威胁和严厉的警告可能会暂时保证工作动力,但问题是,在日常工作中这样行不通。领导刚转过脸去,大家又我行我素了。所以,在可能的情况下,最好避免强制要求,使别人服从的有效方法是让对方觉得受到了尊重。例如：

我知道你是不会被强迫的……
没有人非要强求你做……
任何人都强迫不了你……
这件事由你决定……

当然，这些方法看起来有些随意，但通常是非常有效的，因为这首先消除了反抗的理由，其次可经以柔克刚，使对方接受任务。领导管理员工就应该晓之以理，先商量后命令。领导大多数是身经百"战"，工作经验丰富的，而且非常优秀。所以大致说，照他的命令去做，是没什么错误的。可是如果总是命令的方式，会让下属产生一些不满，令人感到压抑，而且不能从心底产生共鸣，这样就无法从根本上调动员工的积极性。

而如果采取商量的方式，下属就会把心中的想法讲出来，当你认为下属言之有理时，你就不妨说："我明白了，你说得很有道理，关于这一点，我们就按你说的做。"诸如此类的语言，既可以吸收下属的想法或建议，又可以推进工作。这样下属会觉得，自己的意见被采用，自然会把这件事当作是自己的事，而认真去做；同时，因为他的认真负责，自然而然会产生不同的效果，这便成为其大有作为的潜在动力。大凡是成功的领导，表面上虽然是在下命令，实际上却经常和部下商量。如能以这样的想法来用人管人，则员工会自动自觉地做好工作，做领导的也会轻松愉快。

最好的奖赏是肯定和赞扬

人们实现自身发展的需要是全面的,不仅包括物质利益方面,还包括名誉、地位等精神方面。在单位里,每个人都会非常在乎领导的评价,领导一句不经意的赞扬都会起到很好的激励作用。

1. 领导的赞扬可以使下属意识到自己在群体中的位置和价值,以及在领导心中的形象

领导的表扬往往具有权威性,是每个职场人确立自己在本单位同事中的价值和位置的依据。

有的领导善于给下属就某方面的能力排座次,使每个人按不同的标准排列都能名列前茅,可以说是一种皆大欢喜的激励方法。比如,小王是本单位第一位博士生,小李是本单位"舞林"第一高手,小刘是单位计算机专家等,人人都有个第一的头衔,人人的长处都得到肯定。这个集体几乎都是由各方面的优秀分子组成,能不说这是一个生动活泼、奋发向上的集体吗?

2. 领导的赞扬可以满足下属的荣誉感和成就感,使其在精神上受到鼓励

如果一个下属很认真地完成了一项任务或做出了一些成绩,虽然此时他表面上装得毫不在意,但心里却默默地期待着领导表扬,而领导一旦没有关注,不给予公正的赞扬,他必定会产生一种挫折感,对领导也会产生一些看法,认为"反正领导也看不见,干好干坏一个样"。这样的领导就不能调动起下属的积极性。

3. 赞扬下属还能够密切上下级的关系，有利于上下团结

领导的赞扬不仅表明了领导对下属的肯定和赏识，还表明领导很关注下属的事情，对他的一言一行都很关心。有人受到赞美后常常高兴地对朋友讲："瞧我们头儿既关心我又赏识我，我做的那件连自己都觉得没什么了不起的事，也被他当众夸奖了一番。跟着他干就是有力气。"互相都有这么好的看法，能有什么隔阂？能不团结一致、拧成一股绳把工作搞好吗？

4. 对下属工作业绩和良好思想品格的肯定和赞扬，实际上就是对另一种与之相对立的倾向的有力否定和批评

直接指斥某种倾向的危害，直白地提出某种禁令，不失为一种可行的常规办法。但这只是一种辅助手段，其效力不会很深远。倘若及时向人们说明"什么好""应该干什么""怎样干"，那就从根本上解决了思想的问题。所以，对于规范下属的行为，肯定、赞扬要比否定、批评来得更为直接。

一般来说，下属的活动都是自觉地指向上级确定的目标，遵循着上级的指令展开的，主观上是希望成功的。然而，由于受到个人的智力、学识、经验以及种种随机因素的制约，其活动结果不尽如人意甚至出现大的差异也是不可避免的。在失误、败绩面前，上级该做如何处置呢？简单的方法当然是论过行罚。但是，这并不明智，更为明智的处置方式是宽容。在必要的批评和处罚之外，要言辞中肯、情意真切，对其过失之外的成绩、长处予以肯定，对其深切的负疚感、追悔心予以劝慰，对其振作图进的心意予以激励和信赖。当事人就会由不安中看到希望，决心日后努力工作，将功补过。

所以，作为领导，不要随意批评你的下属。在任何时候，赞美、鼓励都会比批评更有效果，都更能把人团结在你的周围。

避开左右为难的话题

两难问题就是不论你回答"是"或"否",都可能给你带来麻烦。回答这类问题必须用心。很多时候,问这种问题的人总是别有用心,话中有话,回答这种问题,左也不是,右也不是。如果问题来自你不能得罪的人,或者在公众场合被问到,更会让你的回答难上加难,所以在回答此类问题时要有适当的方法。

1. 假装糊涂

两难问题中有一种复杂问语,是指利用沉锚效应,即隐含着某种错误假定的问语。对这种问语,无论采取肯定还是否定的答复,结果都得承认问语中的错误假定,从而落入提问者圈套。如一个人被人检举偷了别人的东西,但他拒不承认。这时审问者问:"那么你以后还偷不偷别人的东西呢?"无论其回答"偷"还是"不偷",都会陷入审问者问语中隐含的"你偷了别人的东西"的这个假定。

因此,对这类问题,不能回答,只能反问对方,或假装糊涂,不明白对方的意思。

2. 自嘲圆场

有时被问及一些两难问题时,无论怎样回答都会让人觉得脸面无光。此时不妨自嘲一下,给自己圆场。

某先生酷爱下棋,但又死要面子。一次与一高手对弈,连输三局。别人问他胜败如何,他回答道:"第一局,他没有输;第二局,我没有赢；第三局，本是和局，可他又不肯。"乍一听来，似乎他一局也没有输：第一局他没输，不等于我输，因下棋还有个和局；第二局我没赢，也不等于我输，还有和局嘛；第三局也不等于我输，本是和局，可他争强好胜，我让他了。

总之，对于非"左"即"右"的问题，切忌在对方问题所提供的选择中做单一选择，因为无论是"左"还是"右"，都正中了对方的圈套。

图书在版编目(CIP)数据

刻意练习高情商 / 金铁编著. -- 北京：中华工商联合出版社, 2025. 6. -- ISBN 978-7-5158-4283-7

Ⅰ. B842.6-49

中国国家版本馆CIP数据核字第2025CJ4115号

刻意练习高情商

编　　著：金　铁
出 品 人：刘　刚
责任编辑：吴建新　关山美
封面设计：冬　凡
责任审读：付德华
责任印制：陈德松
出版发行：中华工商联合出版社有限责任公司
印　　刷：三河市兴博印务有限公司
版　　次：2025年6月第1版
印　　次：2025年6月第1次印刷
开　　本：720mm×1020mm　1/16
字　　数：156千字
印　　张：13.5
书　　号：ISBN 978-7-5158-4283-7
定　　价：36.00元

服务热线：010 — 58301130 — 0（前台）
销售热线：010 — 58302977（网店部）
　　　　　010 — 58302166（门店部）
　　　　　010 — 58302837（馆配、新媒体部）
　　　　　010 — 58302813（团购部）
地址邮编：北京市西城区西环广场A座
　　　　　19 — 20层，100044
投稿热线：010 — 58302907（总编室）
投稿邮箱：1621239583@qq.com

工商联版图书
版权所有　侵权必究

凡本社图书出现印装质量问题，
请与印务部联系。

联系电话：010—58302915